과학 공화국
생물 법정

1
생물의 기초

과학공화국 생물법정 1

생물의 기초

ⓒ 정완상, 2005

초판 1쇄 발행일 | 2005년 2월 11일
초판 27쇄 발행일 | 2023년 8월 8일

지은이 | 정완상
펴낸이 | 정은영
펴낸곳 | (주)자음과모음

출판등록 | 2001년 11월 28일 제2001-000259호
주소 | 10881 경기도 파주시 회동길 325-20
전화 | 편집부 (02)324-2347, 총무부 (02)325-6047
팩스 | 편집부 (02)324-2348, 총무부 (02)2648-1311
e-mail | jamoteen@jamobook.com

ISBN 978-89-544-0323-8(03420)

과학공화국 생물법정

생물법정

1 생물의 기초

정완상(국립 경상대학교 교수) 지음

㈜자음과모음

생활 속에서 배우는
기상천외한 과학 수업

생물과 법정, 이 두 가지는 전혀 어울리지 않아 보입니다. 그리고 여러분이 어렵게 느끼는 말들이기도 하지요. 그럼에도 불구하고 이 책의 제목에는 분명 '생물법정'이라는 말이 들어 있습니다. 그렇다고 이 책의 내용이 아주 어려울 거라고 생각하지는 마세요.

저는 법률과는 무관한 과학을 공부하는 사람입니다. 그럼에도 '법정'이라고 제목을 붙인 데에는 이유가 있습니다. 이 책은 우리 생활 속에서 일어나는 여러 가지 재미있는 사건을 다루고 있습니다. 그 사건들을 과학적인 원리를 이용해 차근차근 해결해 나가지요. 그러다 보니 크고 작은 사건들의 옳고 그름을 판단하기 위한 무대가 필요했습니다. 바로 그 무대로 법정이 생겨나게 되었답니다.

왜 하필 법정이냐고요? 요즘 〈솔로몬의 선택〉을 비롯하여 생활 속에서 벌어지는 사건들을 법률을 통해 재미있게 풀어 보는 텔레비전 프로그램들이 많습니다. 그 프로그램들이 제법 재미있지 않습니까? 사건에 등장하는 인물들이 우스꽝스럽고 사건을 해결하는 과정도 흥미진진하기 때문입니다. 〈솔로몬의 선택〉이 법률 상식을 쉽고 재미있게 얘기하듯이, 이 책은 여러분의 생물 공부를 쉽고 재미있게 해 줄 것입니다.

여러분은 이 책을 읽고 나서 자신의 달라진 모습에 놀랄 겁니다. 과학에 대한 두려움이 사라지고, 새로운 문제에 대해 과학적인 호기심이 솟구칠 테니까요. 물론 여러분의 과학 성적도 쑥쑥 올라가겠죠?

끝으로 과학공화국이라는 타이틀로 여러 권의 책을 쓸 수 있게 배려해 주신 (주)자음과모음의 강병철 사장님과 모든 식구들에게 감사를 드립니다.

진주에서
정완상

생물법정의 탄생

태양계의 세 번째 행성인 지구에 과학공화국이라고 불리는 나라가 있다. 과학을 좋아하는 사람들이 모여 사는 나라다. 인근에는 음악을 사랑하는 사람들이 살고 있는 뮤지오 왕국과 미술을 사랑하는 사람들이 사는 아티오 왕국, 공업을 장려하는 공업공화국 등 여러 나라가 있다.

과학공화국 사람들은 다른 나라 사람들에 비해 과학을 좋아하지만, 과학이란 게 원체 범위가 넓어 어떤 사람은 물리나 수학을 좋아하는 반면 또 어떤 사람은 생물을 좋아하기도 하고 그랬다.

그런데 여러 과학 분야 중에서 자신들이 살고 있는 행성인 지구의 신비를 벗기는 생물의 경우 과학공화국의 명성에 맞지 않게 국민들의 수

준이 그리 높지 않았다. 그리하여 지리공화국 아이들과 과학공화국 아이들이 생물에 관한 시험을 치르면 지리공화국 아이들의 점수가 오히려 더 높을 정도였다.

특히 최근 스마트폰이 공화국 전체에 퍼지면서 과학공화국 아이들이 게임에 빠지다 보니 과학 실력이 기준 이하로 떨어졌다. 그렇다 보니 자연 과학 과외와 학원이 성행하게 되었고, 그런 와중에 아이들에게 엉터리 과학을 가르치는 무자격 교사들도 우후죽순 나타나기 시작했다.

생물은 지구의 모든 곳에서 만나게 되는데 과학공화국 국민들의 생물에 대한 이해도가 떨어지면서 곳곳에서 생물에 관한 문제로 분쟁이 끊이지 않았다. 그리하여 과학공화국의 박과학 대통령은 장관들과 이 문제를 논의하기 위해 회의를 열었다.

"최근의 생물 분쟁을 어떻게 처리하면 좋겠소?"

대통령이 힘없이 말을 꺼냈다.

"헌법에 생물 부분을 좀 추가하면 어떨까요?"

법무부 장관이 자신 있게 말했다.

"좀 약하지 않을까?"

대통령이 못마땅한 듯이 대답했다.

"그럼 생물 분쟁을 다루는 새로운 법정을 만들면 어떨까요?"

생물부 장관이 말했다.

"바로 그거요. 과학공화국답게 그런 법정이 있어야지. 그래…… 생물법정을 만들면 되는 거야. 그리고 그 법정에서의 판례들을 신문에 게재하면 사람들이 더 이상 다투지 않고 자신의 잘못을 인정할 수 있을 거요."

대통령은 입을 환하게 벌리고 흡족해했다.

"그럼 국회에서 새로운 생물법을 만들어야 하지 않습니까?"

법무부 장관이 약간 불만스러운 듯한 표정으로 말했다.

"생물은 우리가 사는 지구와 태양계의 주변 행성에서 일어나는 자연현상입니다. 따라서 누가 관찰하든 같은 현상에 대해서는 같은 해석이 나오는 것이 생물입니다. 그러므로 생물법정에서는 새로운 법을 만들 필요가 없습니다. 혹시 다른 은하에 대한 재판이라면 모를까……"

생물부 장관이 법무부 장관의 말을 반박했다.

"그래, 맞아요."

대통령은 벌써 생물법정을 만들기로 결심한 것 같았다. 이렇게 해서 과학공화국에는 생물에 관한 분쟁을 다루는 생물법정이 만들어지게 되었다.

초대 생물법정의 판사는 생물에 대한 책을 많이 쓴 생물짱 박사가 맡게 되었다. 그리고 두 명의 변호사를 선발했는데 한 사람은 생물과를 졸업했지만 생물에 대해 그리 잘 알지 못하는 생치라는 이름의 40대 남자였고, 다른 한 변호사는 어릴 때부터 생물경시대회에서 항상 대상을 받았던 생물 천재인 비오였다.

이렇게 해서 과학공화국 사람들 사이에서 벌어지는 생물과 관련된 많은 사건들이 생물법정의 판결을 통해 깨끗하게 마무리될 수 있었다.

| 차례 |

제1장

우주와 생물에관한 사건

무중력 상태의 방귀_ 사라지지 않는 방귀
우주선 안에서 방귀 냄새 때문에 고생을 했다면 누구의 책임일까요?

무중력과 뼈_ 휠체어를 탄 조종사
오랫동안 우주선에서 지낸 조종사의 몸에 어떤 변화가 생길까요?

사라지지 않는 방귀

우주선 안에서 방귀 냄새 때문에
고생을 했다면 누구의 책임일까요?

| 사건 속으로 | 왕방구 씨는 과학공화국 우주 센터의 조종사다. 모든 조종사들의 꿈은 우주 로켓을 타 보는 것이다. 왕방구 씨는 그 꿈을 이루기 위해 다른 조종사들보다 더 많은 훈련을 받아 왔다. 그러던 어느 날 왕방구 씨에게 드디어 꿈에도 그리던 기회가 찾아왔다. 왕방구 씨가 1000:1의 경쟁을 뚫고 우주를 10일 동안 여행하는 우주 왕복선 가스킷호의 조종사 시험에 당당하게 합격한 것이다. 그와 함께 떠날 조종사는 최초의 여성 조종사인 이예민 양이 |

었다. 두 사람은 본격적인 우주 조종사 훈련에 들어갔다. 고된 훈련이었지만 두 사람은 광활한 우주를 직접 구경할 수 있다는 생각에 견뎌 낼 수 있었다.

드디어 로켓이 출발하는 날이 되었다. 출발을 세 시간 앞두고 왕방구 씨는 우주 센터 안에 있는 식당으로 갔다.

배식 담당은 평소 왕방구 씨와 친한 사이인 김배급 씨였다. 그는 왕방구 씨가 그날 우주 비행을 한다는 사실을 알고 있었다. 우주로 가면 당분간 지구에서처럼 먹을 수 없기에 그는 왕방구 씨에게 평소보다 두 배나 많은 양의 밥을 퍼 주었다.

밥은 콩밥이었고 반찬은 고구마 튀김이었다. 왕방구 씨는 허겁지겁 밥을 먹었다. 그리고 마지막 점검을 하기 위해 시뮬레이션 시스템실에 들어가 우주 여행 일정표를 꼼꼼하게 체크했다.

'스리, 투, 원, 제로, 파이어!'

왕방구 씨와 이예민 양을 태운 가스킷호가 힘차게 출발했다. 잠시 후 가스킷호는 지구의 대기권을 벗어나 우주 공간에 진입했다. 두 사람은 선체 안에서 둥둥 떠다니면서 유리창을 통해 보이는 푸른 바다의 행성, 지구를 감상했다.

그때 '뽀옹' 하는 소리가 우주선 안에 퍼졌다. 왕방구 씨의 방귀 소리였다. 하지만 소리는 큰 문제가 아니었다. 진짜 문제는 지독한 방귀 냄새가 선체 내에 퍼진 것이었다.

우주 왕복선 가스킷호는 조종사가 선체 밖으로 나갈 수 없게 설계되어 있었다. 그러므로 왕방구 씨의 지독한 방귀 냄새는 10일 동안 이예민 양을 괴롭혔다.

지독한 악취 속에서 우주 비행을 하고 돌아온 이예민 양은 귀환하자마자 병원에 입원했다. 이예민 양은 자신이 입원하게 된 것은 왕방구 씨의 지독한 방귀 냄새 때문이라며 왕방구 씨를 생물법정에 고소했다.

방귀는 인간이 참을 수 없는 생리적인 현상입니다.
우주선에서는 방귀를 처리히는 특별한 방법이 있습니다.

왕방구 씨가 큰 실수를 했네요. 우주선 안의 방귀 냄새는 조종사들에게 어떤 영향을 끼칠까요? 또 방귀는 왜 생길까요? 생물법정에서 알아봅시다.

생물짱 판사

샘치 변호사

비오 변호사

🧑‍🦳 피고 측 변론하세요.

🧑 방귀는 생리적인 현상입니다. 그러니까 누구나 하루에 두어 번 뀌게 됩니다. 물론 방귀를 자주 뀌게 하는 음식이 있습니다. 예를 들어 콩이나 고구마, 계란과 같은 음식을 먹으면 방귀가 많이 나옵니다. 그날 왕방구 씨는 우주 센터 식당에서 콩밥을 먹었습니다. 우주 센터의 매 끼니 식단은 정해져 있기 때문에 왕방구 씨만 따로 쌀밥을 먹을 수는 없는 일이었습니다. 그러므로 이번 사고는 생리적 현상에 의해 불가피하게 발생한 일이므로 왕방구 씨에게는 책임이 없다는 것이 본 변호사의 생각입니다.

🧑‍🦳 원고 측 변론하세요.

😮 방귀가 무엇인가를 알아보기 위해 룸나인 연구소의 이가스 박사를 증인으로 요청합니다.

증인은 방귀를 뽕뽕 뀌면서 증인석으로 걸어 나왔다.

😬 죄송합니다. 제가 습관성 방귀배출증에 걸려서 참기가 힘듭니다.

알겠습니다. 그런데 방귀는 뭐죠? 그리고 방귀는 왜 생기는 건가요?

우리가 음식을 먹을 때는 물, 음식과 함께 공기도 삼키게 됩니다. 이 음식물은 목구멍을 지나 위나 소장에서 영양분으로 흡수되어 우리 몸에 필요한 에너지를 공급합니다. 소장을 거쳐 대장으로 간 음식물에서 물과 무기염류는 대장에 흡수되고 나머지가 우리 몸 밖으로 배출되는데 그것이 바로 대변입니다.

증인이 질문 내용을 잘못 들으신 것 같군요. 제가 질문한 건 대변이 아니라 방귀에 대한 건데요.

알고 있습니다. 대장 속에는 대변과 더불어 기체가 섞여 있습니다. 이 기체 상태의 물질이 밖으로 배출되는 것이 방귀입니다.

어떤 기체들이죠?

방귀의 주성분은 질소입니다. 즉 방귀 가스의 약 60퍼센트를 차지하지요. 우리가 숨을 쉬면 공기가 몸으로 들어오는데 그중 80퍼센트는 우리 몸에 불필요한 질소 기체입니다. 그것이 몸속에서 돌다가 배출되는 거지요.

방귀 냄새의 원인은 그럼 질소 기체인가요?

질소는 냄새가 없습니다.

그런데 왜 방귀는 냄새가 나죠?

🧑‍🦳 다른 기체들 때문입니다.

👦 어떤 기체죠?

🧑‍🦳 방귀의 주성분은 질소나 메탄과 같은 냄새가 없는 가스이지만, 대장에 세균이 있거나 고기나 치즈 등을 먹으면 암모니아 가스, 황화수소 가스와 같이 구린 냄새가 나는 가스가 만들어집니다. 이런 게 바로 방귀의 악취를 만드는 기체들입니다.

👦 방귀 냄새는 왜 퍼지는 거죠?

🧑‍🦳 방귀는 기체로 이루어집니다. 그러니까 공기 중에서 모든 방향으로 확산되지요. 그 확산된 방귀 가스가 사람의 코로 들어가면 방귀 냄새를 느끼게 되는 거죠. 하지만 지구에서라면 창문을 열어 방귀 가스를 금방 빠져나가게 할 수 있습니다.

👦 우주선과 같이 밀폐된 곳에서는 방귀 냄새가 빠져나갈 수 없겠군요.

🧑‍🦳 그렇다고 봐야죠.

👦 우주선 안에서는 방귀를 어떻게 처리해야 하나요?

🧑‍🦳 우주선 안은 무중력 상태이므로 소변이나 대변이 아래로 내려가지 않습니다. 그래서 우주선의 변기는 공기를 강하게 흡입시켜 그것과 함께 소변이나 대변이 우주 공간으로 날아가게 합니다. 마찬가지로 방귀도 변기에 앉아 나오는 순간 강하게 흡입시켜 우주선 밖으로 배출시켜야 합니다.

존경하는 판사님, 물론 방귀는 생리적인 현상이라 방귀를 뀌었다는 것만으로 왕방구 씨에게 책임을 물을 수는 없습니다. 하지만 우주선처럼 특별한 공간에서 두 사람이 10일 동안 살아가야 할 때는 상대방을 위해 방귀 가스가 선실에 퍼지지 않도록 주의할 의무가 있다고 생각합니다. 왕방구 씨가 방귀를 변기에서 뀌고 방귀 가스를 우주로 배출시켰다면 두 사람은 쾌적한 환경에서 우주 탐사를 할 수 있었을 것입니다. 또한 이예민 양이 귀환 후 입원하는 일도 발생하지 않았을 것입니다. 그러므로 방귀를 선실에 10일 동안 퍼져 있게 한 왕방구 씨는 이예민 양이 입은 피해를 보상할 의무가 있다고 생각합니다.

판결합니다. 피고 측 변호인의 말처럼 방귀는 항문을 통해 기체가 빠져나가는 현상이므로 인간이 참을 수 없다는 점은 이해합니다. 하지만 엘리베이터 안에서 지독한 냄새가 나는 방귀를 뀌는 행위가 다른 사람들에게 불쾌감을 준다는 건 누구나 알고 있습니다. 왕방구 씨는 밀폐된 우주선 밖으로 가스를 빼낼 수 있는 장치가 있음에도 불구하고 선실에서 방귀를 배출함으로써 이예민 양에게 고통의 10일 비행을 하게 했다는 점이 인정됩니다. 그러므로 왕방구 씨가 이예민 양의 입원비 일체와 정신적 위자료를 지불할 것을 판결합니다.

재판이 끝난 후 왕방구 씨는 이예민 양의 병실을 찾아가 자신의 실수를 사과했다. 그리고 병원비와 퇴원 후의 정신적인 후유증에 대해서도 책임지기로 했다. 병원 문을 열고 나가는 순간 '뽀옹' 소리가 났다. 왕방구 씨의 방귀가 다시 병실 안에 퍼졌다. 하지만 이번에는 유리창을 모두 열어 지독한 냄새를 피할 수 있었다.

휠체어를 탄 조종사

오랫동안 우주선에서 지낸
조종사의 몸에 어떤 변화가 생길까요?

**사건
속으로**

최근 과학공화국에는 무중력 과학 실험을 담당하는 무중력 과학센터가 만들어졌다. 지구와 같이 중력이 있는 공간에서의 자연 현상과 무중력 상태에서의 자연 현상을 비교하고, 그 연구 결과를 활용해 보자는 의도에서 시작된 프로젝트였다. 실험은 무중력 상태인 우주 공간에서 이루어져야 하므로 지구와 달 사이에 우주 정거장 미루스가 만들어졌다.

1차로 무중력 공간에서의 물리 실험이 수행되었고, 2차로는 식물 실험을 위해 우주 왕복선 보태니호가 미루스를 향해 떠

났다.

무중력 식물 실험의 첫 임무를 맡은 사람은 미르 박사다. 우주 정거장 속은 무중력 상태이기 때문에 그는 우주선 안을 둥둥 떠다니면서 식물에 대한 여러 가지 실험을 했다.

무중력 공간에서는 어떤 물체도 고정시킬 수 없다. 그러므로 미르 박사는 바닥에 누워서 자기 위해 줄로 자신의 몸을 바닥에 묶었다.

이렇게 미르 박사는 우주 정거장에서 1년 동안 실험을 하고 지구로 귀환했다. 그런데 우주 왕복선 문을 열고 나오는 순간 미르 박사는 제대로 걷지 못하고 바닥에 쓰러졌다.

미르 박사의 무사 귀환을 환영하기 위해 공항에 나와 있던 많은 많은 사람들이 그 모습을 보고 매우 놀랐다. 미르 박사는 곧바로 응급실로 옮겨졌다.

언론에서는 미르 박사가 오랜 우주 비행으로 몸이 지쳐 있어서 귀환 직후 실신한 것이라고 보도했다. 하지만 언론 보도처럼 그렇게 간단한 문제가 아니었다.

미르 박사의 상태를 취재하기 위해 기자들이 병원에 몰려들었다. 과학일보의 정무중 기자가 담당 의사에게 물었다.

"미르 박사님은 어떤 상태죠?"

"이제 걸을 수 없을 겁니다."

미르 박사를 치료하는 의사가 말했다. 정무중 기자와 다른 신문사의 기자들은 모두 놀란 표정이었다. 그리고 이 상황은 그날 저녁 신문을 통해 모든 사람들에게 알려지게 되었다.

이렇게 하여 미르 박사는 직장도 잃고 평생 휠체어를 타고 도우미의 간호를 받는 처지가 되었다.

미르 박사는 자신에게 이런 일이 일어난 것이 우주 정거장 미루스 때문이라며 무중력 과학센터를 생물법정에 고소했다.

사람은 지구에서는 항상 중력의 영향을 받으며 삽니다. 그래서
무중력 상태에서는 키가 더 커진다거나 얼굴이 부풀어 오르는 변화를 겪게 되지요.

우주 정거장 미루스 안에서 미르 박사에게 무슨 일이 벌어진 걸까요? 무중력 상태에서 사람의 몸은 어떻게 달라지나요? 생물법정에서 알아봅시다.

생물짱 판사

생치 변호사

비오 변호사

 피고 측 변론하세요.

무중력 공간이란 공기가 없는 공간이 아닙니다. 단지 질량을 가진 물체를 아래로 떨어지게 하는 힘(중력)이 없다는 것이죠. 사람이 숨을 쉬고 사는 것은 공기 속에 산소가 있기 때문입니다. 우주 정거장 미루스에는 충분한 산소가 있어서 미르 박사가 숨을 쉬는 데 지장이 없었습니다. 따라서 미루스에서의 생활 때문에 미르 박사가 걸을 수 없게 되었다는 것을 입증할 만한 증거가 없으므로 무중력 과학센터는 이번 사건에 대해 책임을 질 필요가 없다고 생각합니다.

원고 측 변론하세요.

그래비티레스 연구소의 안낙하 박사를 증인으로 요청합니다.

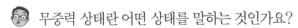

머리가 훤하게 벗어진 50대 중반의 사내가 증인석에 앉았다.

무중력 상태란 어떤 상태를 말하는 것인가요?

중력이 없는 상태입니다. 중력은 지구와 같은 행성이 물체를 잡아당기는 힘이죠. 그 힘 때문에 손에 들고 있던 물체를 놓으면 땅에 떨어지죠. 하지만 무중력 상태에서 물체는 그런 힘을 받지 않기 때문에 물체가 바닥에 떨어지지 않고 둥둥 떠다니죠.

왜 우주로 가면 중력이 없어지죠?

그건 지구로부터 멀어지기 때문입니다. 지구가 물체를 잡아당기는 힘은 지구 중심에 가까우면 커지고 멀어지면 약해지지요.

무중력 상태에서 사람의 몸에도 변화가 일어나나요?

물론입니다.

어떻게 변하죠?

사람의 키가 3 내지 4센티미터 정도 더 커집니다.

그건 왜죠?

사람은 항상 중력의 영향을 받으며 지구에서 생활하고 있습니다. 사람이 서 있을 때 무릎 관절이나 척추처럼 길이가 변할 수 있는 부분이 중력 때문에 늘어나지 않고 일정한 길이를 유지합니다. 하지만 무중력 상태에서는 중력이 없어서 관절과 척추가 늘어날 수 있는 길이까지 늘어나기 때문에 키가 더 커집니다. 하지만 지구로 돌아오면 다시 원래의 키가 되지요.

또 다른 변화가 있나요?

얼굴은 부풀어 오르고 허리가 잘록해집니다.

😮 왜 그런 거죠?

😲 지구에서는 머리에서 발끝까지 혈압이 다릅니다. 혈압이란 피의 압력을 말하죠. 머리는 지구 중심에서 머니까 중력이 작아 혈압이 낮고 다리는 지구에서 가까우니까 중력이 커서 혈압이 높습니다. 하지만 우주에서는 중력을 받지 못하기 때문에 혈압이 모든 곳에서 같아집니다. 그러니까 머리의 혈압은 지구에서보다 높아지고 다리의 혈압은 지구에서보다 낮아지죠. 그래서 얼굴은 부풀어 오르고 다리나 허리에 있던 피가 위로 이동하니까 다리나 허리의 둘레가 줄어듭니다. 보통 허리둘레는 사람에 따라 다르지만 6 내지 10센티미터 줄어듭니다.

😮 그럼 이번 사건도 무중력 상태 때문에 일어났다고 볼 수 있겠군요.

😲 그렇습니다. 우주에서는 뼛속의 칼슘이 한 달에 1퍼센트 정도 줄어듭니다. 그러니까 미르 박사처럼 1년을 지내면 뼛속의 칼슘이 12퍼센트 정도 빠져나간다고 봐야겠지요. 그러다 보니 뼈의 힘이 약해져서 잘 걸을 수 없게 될 수 있습니다. 그래서 우주선 안에서는 러닝머신을 탄다든가 하면서 끊임없이 운동을 해야 합니다.

😮 하지만 우주선에 중력이 없는데 어떻게 러닝머신을 타죠?

🧑🏿 탈 수 있습니다. 물론 사람 몸이 둥둥 떠다니니까 다른 방법으로 사람을 고정시켜야 합니다.

👨 어떤 방법이 있습니까?

🧑🏿 사람을 줄로 바닥에 묶고 러닝머신 위를 달리면 됩니다. 이때 줄이 당기는 힘이 지구의 중력과 같은 역할을 할 것입니다.

👨 존경하는 판사님, 무중력 상태에서 사람의 몸은 지구에서와는 많이 달라집니다. 그러므로 우주의 무중력 상태에서 지낸 1년 동안 미르 박사도 지구에 돌아왔을 때 몸이 많이 달라져 있었을 것입니다. 그중 가장 큰 문제가 되는 것은 칼슘이 뼈에서 빠져나간다는 것입니다. 즉 미르 박사는 장기간 무중력 상태에서 생활한 탓으로 뼈가 약해져서 잘 걸을 수 없게 된 것이니만큼 무중력 과학센터는 이번 사건에 책임이 있다고 주장합니다.

👨 판결합니다. 무중력 상태에서 사람의 몸이 변화한다는 사실로부터 우리는 중력의 소중함을 깨달을 수 있습니다. 우주 프로젝트에 대한 경험이 충분치 못한 상태에서 무중력 과학센터도 미르 박사 사건을 사전에 예측하지는 못했을 거라고 생각하지만, 결국 미르 박사의 병이 무중력 상태에서 장기간 있었기 때문에 생긴 점이 인정됩니다. 그러므로 무중력 과학센터는 미르 박사가 죽을 때까지 무중력 과학센터에서 일

할 수 있도록 할 것을 판결합니다.

재판 후 미르 박사는 무중력 과학센터에서 무중력 인체연구 팀장을 맡아 무중력 상태에서의 인체의 변화에 대한 연구를 하게 되었다. 이 재판 이후 혈압이 낮거나 높은 사람은 우주 비행사를 할 수 없게 되었고, 우주 정거장에는 여러 가지 헬스 기구들이 등장했다. 그리고 우주 비행사들은 우주 정거장에 갈 때 지구에서보다 2 내지 3인치 허리둘레가 작은 바지를 준비했다.

무중력 생물학

무중력 공간은 지구나 다른 행성의 중력이 작용하지 않는 곳입니다. 그러므로 공중에 있는 물체가 아래로 떨어지지 않지요. 이런 공간에서는 물리적인 변화뿐 아니라 생물학적인 변화도 생기게 됩니다.

무중력 공간에서는 우리 몸에 어떤 일들이 생길까요? 우선 제일 먼저 경험하는 현상은 우주 멀미 증상입니다. 지구에서는 중력의 작용으로 귓속에 있는 세반고리관을 통해 몸의 균형을 잡을 수 있는데, 무중력 공간에서는 중력이 없으므로 심한 멀미를 하게 됩니다.

또 다른 몸의 변화는 오줌이 많이 나오고 얼굴도 부어오른다는 것입니다. 우리 몸의 체액은 중력 때문에 발 쪽에 많이 퍼져 있는데, 중력이 없어지면 체액이 몸 전체에 골고루 퍼지게 되면서 체액이 상대적으로 머리 쪽으로 많이 퍼지게 됩니다. 그렇게 되면 뇌가 자극을 받게 되어 오줌이 많이 나오고 얼굴도 부어오르게 됩니다.

세 번째 증상은 뼛속의 칼슘이 빠져나오는 것입니다. 중력이 없으면 우리 몸을 지탱하기 위한 튼튼한 뼈가 필요 없게 되므로 칼슘이 밖으로 빠져나오게 됩니다.

그렇다면 식물의 경우는 어떻게 될까요? 인간과 같은 고등 생물들은 유전자가 꽤나 복잡하고 특정 환경에 큰 영향을 받지 않습니다만, 식물이나 미생물 같은 하등 생물의 경우 무중력 상태에 노출되면 유전자가 상당히 변질됩니다.

무중력 공간에서 제일 먼저 경험하는 현상은 우주 멀미 증상입니다.
오줌이 많이 나오고 얼굴도 부어오른답니다.

중국에서는 우주의 무중력에 식물들의 씨앗을 오랜 시간 노출시켰다가 지구에 가져와서 다시 심었습니다. 그 결과 사람 몸통만 한 포도가 열리고, 특정 성분이 엄청나게 함유된 과일, 채소들이 재배되었습니다. 이를 잘 활용하면 인체에 무해하면서 다른 바이러스들만 골라 죽이는 바이러스 등을 생산해 낼 수도 있습니다.

곤충에 관한 사건

맴 마을의 매미 소리

매미는 며칠 동안 매미로 살 수 있나요?

**사건
속으로**

과학공화국 남부의 한적한 시골 마을인 맴 마을에는 숲이 울창해 매미가 많이 산다. 이 마을 사람들은 예로부터 매미 소리를 들으면 복이 온다는 소문을 굳게 믿으며 살아왔다.

이 마을은 도시로부터 고립된 곳이어서 아이들의 교육을 서당에서 담당했는데, 이웃 마을인 진드기 마을에서는 최근에 초등학교가 생기면서 아이들이 신식 교육을 받게 되었다.

맴 마을과 진드기 마을은 서로 사이가 좋지 않아 맴 마을의 아이들은 진드기 마을의 초등학교를 다닐 수 없었다.

그러던 어느 여름날, 진드기 마을 아이들이 기다리던 여름방학이 찾아왔다. 진드기 마을 초등학교에서는 전교생에게 매미를 잡아 표본을 만들어 오라는 방학 숙제를 냈다.

나무가 별로 없는 진드기 마을은 맴 마을에 비해 매미가 적었다. 그리하여 진드기 마을의 초등학교 아이들은 맴 마을에 가서 매미를 채집했다.

이렇게 몇 년이 흐르자 맴 마을의 매미는 씨가 말라 최근 몇 년 동안은 맴 마을에서 매미 소리를 거의 들을 수 없었다. 그리고 매미가 사라진 후에 맴 마을은 흉년이 들었는데, 맴 마을에서는 이것이 진드기 마을 아이들이 맴 마을의 매미를 싹쓸이해서 그런 것이라 생각했다. 하지만 진드기 마을 아이들이 매미를 잡았다는 증거는 없었다.

기다리고 기다리던 매미 한 마리가 드디어 맴 마을의 나무에 다시 나타났다. 맴 마을 사람들은 나무 앞에 모여 매미 소리를 들으며 풍년을 기약하는 제를 올렸다.

이렇게 며칠 동안 맴 마을에는 매미 소리가 울려 퍼졌다. 매미가 운 지 보름째 되던 날, 진드기 마을의 김채집 씨가 아들의 방학 숙제 때문에 사람들 몰래 맴 마을로 와서 나무에 앉아 있는 매미를 잡다가 맴 마을 사람들에게 발각되었다.

그때 김채집 씨의 매미채에 부딪친 매미는 그 자리에서 즉사하고 말았고, 그해에도 맴 마을에는 흉년이 들었다. 맴 마을

매미는 애벌레로 사는 기간에 비해 성충인 매미로 사는 시간이 매우 짧습니다.
그리고 수컷의 경우만 자신의 위치를 암컷에게 알리기 위해 운답니다.

에서는 김채집 씨가 몇 년 만에 나타난 매미를 죽여 풍년이

들 기회를 놓쳤다며 김채집 씨를 생물법정에 고소했다.

매미는 어떻게 태어나서 어떻게 죽을까요? 생물법정에서 매미의 일생에 대해 알아봅시다.

생물짱 판사

생치 변호사

비오 변호사

원고 측 변론하세요.

매미가 울면 마을에 풍년이 든다는 생각은 과학적인 근거는 없지만 그것을 사실로 믿는 맴 마을 사람들에게는 아주 중요한 일입니다. 최근 몇 년간 매미가 울지 않아 맴 마을은 흉년으로 고생해 왔습니다. 그러던 중 우연히 다시 들려온 매미 소리가 마을 사람들에게 얼마나 큰 기쁨을 주었겠습니까? 그러므로 김채집 씨가 매미채로 매미를 죽인 후 맴 마을 사람들이 받았을 상실감은 엄청나게 크리라고 생각합니다. 따라서 이번 사건에 대해 진드기 마을의 김채집 씨는 맴 마을이 입은 정신적 피해에 대해 보상할 의무가 있다고 생각합니다.

피고 측 변론하세요.

매미 전문가인 맹맴이 박사를 증인으로 요청합니다.

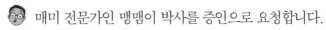

하얀 한복에 삿갓을 쓴 노인이 증인석에 앉았다.

증인은 『매미의 모든 것』이라는 책의 저자죠?

그렇습니다.

매미는 어떤 곤충입니까?

참 불쌍한 곤충이죠.

어째서죠?

6년 내지 7년 동안을 땅속에서 애벌레로 살다가 허물을 벗고 나와 매미가 되어 고작해야 보름 정도 살다가 죽으니까요.

듣고 보니 그렇군요. 그런데 궁금한 게 있습니다. 매미는 왜 우는 거죠?

우는 매미는 모두 수컷입니다.

암컷은 안 우나요?

그렇습니다. 수컷 매미는 자신의 위치를 암컷에게 알리기 위해 울죠. 그리고 울음소리를 듣고 날아온 암컷과 짝짓기를 하여 알을 낳습니다.

짧은 인생 동안 가정을 꾸리는군요. 가만. 좀 전에 매미가 15일 정도만 산다고 했나요?

그렇습니다.

그렇다면 매미가 울고 나서 보름 후쯤이라면 매미가 거의 죽을 때이군요?

그렇게 볼 수 있습니다.

고맙습니다. 판사님, 혹시 코끼리를 바늘 하나로 죽이는 세 가지 방법이 뭔지 아십니까?

글쎄요.

첫 번째는 코끼리에게 바늘을 찌르고 죽을 때까지 기다

리는 겁니다.

🦁 두 번째는요?

😎 죽을 때까지 찌르는 겁니다.

🦁 재밌군요. 세 번째는 뭐죠?

😎 바늘을 들고 있다가 코끼리가 늙어 죽기 직전에 찌르는 겁니다.

🦁 정말 재밌네요. 그런데 그 질문이 이 재판과 무슨 상관이 있죠?

😎 상관이 있습니다. 코끼리를 죽인 사람에게 벌을 준다고 할 때 판사님은 좀 전에 얘기한 세 경우 중 어느 경우의 사람에게 가장 가벼운 형량으로 판결 내리실 건가요?

🦁 그야 당연히 죽으려고 할 때 찌른 사람이죠.

😎 바로 그겁니다. 김채집 씨가 매미를 죽인 건 잘못입니다. 하지만 김채집 씨의 매미채에 맞아 매미가 죽은 시점은 매미가 울기 시작한 지 보름 후입니다. 매미의 수명이 15일임을 감안하면 김채집 씨는 거의 죽어 가는 매미를 죽인 경우에 해당됩니다. 그러므로 김채집 씨에 대해 선처를 부탁드리고 싶습니다.

🦁 피고 측 변호인, 재미있는 코끼리 이야기 즐거웠어요. 미신이 과학으로 증명될 수 없다 하더라도 그 미신을 믿는 사람에게는 과학 못지않게 중요할 수 있습니다. 아들의 숙제를

위해서 행한 일이라 할지라도 김채집 씨가 매미를 죽인 행위는 용서할 수 없는 심각한 범죄라고 생각합니다. 다만 피고 측 변호인의 말대로 거의 죽을 때가 된 매미를 죽인 점이 정상 참작이 될 수는 있다고 봅니다. 그러므로 김채집 씨는 다른 곳에 가서 매미 열 마리를 잡아 맴 마을에 전달하는 것으로 판결합니다.

김채집 씨는 맴 마을 어른들에게 사과한 뒤 다른 숲으로 여행을 떠나 매미 열 마리를 잡아 맴 마을에 전해 주었다. 다시 매미의 울음소리를 듣게 된 맴 마을 사람들은 신바람이 나서 농사일을 했고 이듬해부터는 풍년이 들었다. 지금도 맴 마을의 숲에서는 매미 울음소리가 끊이지 않는다고 한다.

귀뚜라미 생물공식

이귀돌 씨는 어떻게 귀뚜라미
울음소리를 듣고 일기 예보를 할까요?

**사건
속으로**

과학공화국에 가을이 왔다. 과학공화국은 사계절이 뚜렷한
데 최근에는 지구 온난화 때문에 여름과 겨울이 긴 반면 봄
과 가을은 짧다. 과학공화국 사람들이 가장 좋아하는 계절은
가을이다.

가을만 되면 과학공화국 사람들이 단풍놀이를 가기 위해 주
말마다 가까운 산으로 떠나는 통에 도로 곳곳이 정체될 정
도다.

단풍놀이를 가는 사람들은 전날 일기 예보를 시청한다. 옷을

두텁게 입고 가야 하는지 아니면 가볍게 입어도 되는지를 결정해야 하기 때문이다.

그래서인지 가을만 되면 토요일 밤에 방송되는 각 방송사의 일기 예보가 높은 시청률을 기록했다. 하지만 과학공화국은 자체 기상 위성이 없어서 인근 공업공화국으로부터 기상 자료를 전송받아 예보를 하다 보니 기상 예보가 그리 정확한 편은 아니었다.

그러던 중 생물 관련 방송을 주로 하는 케이블 방송사인 바이오7에서 귀뚜라미를 이용한 예보를 시작했다. 바이오7의 〈귀뚜라미가 들려주는 일기 예보〉라는 프로그램은 다른 방송사의 일기 예보 프로그램을 제치고 시청률 1위에 올라섰다.

이 프로그램의 진행자인 생물 기상 캐스터 이귀돌 씨는 팬카페에 수만 명의 회원이 들어올 정도로 인기 스타가 되었다. 귀뚜라미의 울음소리로 그날의 기온을 정확하게 맞추는 이귀돌 씨의 신기한 재주 때문이었다.

하지만 다른 방송사들은 이귀돌 캐스터가 귀뚜라미가 우는 소리를 듣고 기온을 맞추는 것이 조작된 것이라고 생각했다. 그리하여 기상방송연합회에서는 이귀돌 씨를 생물법정에 고소했다.

많은 생물들이 날씨에 따라 변화된 행동을 보입니다. 개미는 더운 날과 추운 날 움직이는 속도가 다르고 귀뚜라미의 울음소리도 기온에 따라 달라집니다.

귀뚜라미 울음소리와 기온은 과연 관계가 있을까요? 생물법정에서 알아봅시다.

생물짱 판사

생치 변호사

비오 변호사

 원고 측 변론하세요.

귀뚜라미 울음소리는 가을의 상징입니다. 하지만 귀뚜라미의 울음소리는 귀뚜라미의 언어입니다. 모든 동물은 우리 인간이 그 뜻을 알 수 없는 소리를 냅니다. 하지만 연구에 의하면 그런 소리들로부터 각각의 동물들이 어떤 의미를 전달하는지를 알 수 있다고 합니다. 이 부분에 대해 동소리 박사를 증인으로 요청합니다.

구레나룻을 길게 기른 30대 중반의 사내가 증인석에 앉았다.

동물들에게도 언어가 있습니까?

있다고 해야 합니다. 다만 인간의 언어와는 다르지요.

구체적으로 어떻게 의사 표시를 합니까?

예를 들어 고릴라가 '와이우' 라고 하면 '위험해' 라고 말하는 것입니다. 또 '크롱크롱' 은 '얌전히 있어' 라는 뜻이고, '후 후 후' 는 '가까이 오지 마' 라는 뜻입니다.

재미있군요. 지금 증인이 얘기한 것처럼 동물에도 그들끼리 통하는 언어가 있습니다. 그러므로 귀뚜라미의 울음소리

역시 귀뚜라미들 사이에서 통하는 언어이지 그것이 그날의 기온과 관계된다는 피고 측의 주장은 억지라고 생각합니다.

🧑 피고 측 변론하세요.

🧑 피고의 진술을 듣고자 합니다.

비오 변호사가 자신의 의뢰인인 이귀돌 씨에게 물었다.

🧑 증인은 세계 최초로 귀뚜라미의 울음소리로 그날의 기온을 맞춰 사람들에게 방송했지요? 혹시 다른 곳에 온도계를 두고 무전기로 연락받아 기온을 얘기하는 쇼는 아니었습니까?

🧑 그런 일 없습니다. 저는 귀뚜라미 울음소리를 들으면 정확하게 그날의 기온을 알 수 있습니다.

🧑 어떻게 알 수 있다는 거죠?

🧑 꼭 밝혀야 합니까? 제 노하우인데.

🧑 여기는 법정이므로 모든 진실을 밝혀야 합니다.

🧑 어쩔 수 없군요. 개미를 보면 뜨거운 날에는 빠르게 움직이다가 추운 날에는 천천히 움직입니다.

🧑 지금 귀뚜라미 얘기를 하고 있는데요.

🧑 관계가 있습니다. 개미의 움직임처럼 귀뚜라미도 온도가 높아지면 울음소리 횟수가 늘어나고 추워지면 줄어듭니

다. 저는 그 점을 오랫동안 관찰한 끝에 귀뚜라미의 울음소리 횟수로부터 기온을 알 수 있는 공식을 찾아냈습니다.

어떤 공식이죠?

간단합니다. 8초 동안 귀뚜라미의 울음소리의 수를 헤아리고 그 수에 5를 더하면 바로 그 숫자가 귀뚜라미가 있는 곳의 온도입니다.

신기한 공식이군요 그럼 8초 동안 귀뚜라미가 열다섯 번 울면 온도는 20도가 되는군요.

그렇습니다.

이귀돌 씨는 귀뚜라미에 대해 오랫동안 연구했습니다. 그리고 일정 시간 동안의 울음소리의 횟수와 주위의 온도 사이에 간단한 공식이 있다는 사실을 발견한 것입니다. 물론 실험에 의한 법칙이지만 생물학은 많은 실험을 통해 법칙을 찾아내는 학문이니만큼 이귀돌 씨의 공식은 생물 공식으로 인정되어야 합니다. 그러므로 귀뚜라미 울음소리를 이용해 일기예보를 한 이귀돌 씨의 프로그램이 사기극이 아님을 본 변호사는 강력하게 주장합니다.

저도 처음 들어 보는 얘기지만 모든 생물들에는 신비로움이 있다고 생각합니다. 그리고 귀뚜라미의 울음소리에 이런 능력이 숨어 있다는 사실이 놀라울 따름입니다. 이귀돌 씨는 귀뚜라미를 이용한 일기 예보를 계속 진행해도 좋습니다.

다만 귀뚜라미 공식에 의한 온도는 귀뚜라미 주위의 온도인 만큼 좀 더 많은 지역의 귀뚜라미 울음소리를 체크하여 좀 더 정확한 기온을 사람들에게 알려 주도록 할 것을 판결합니다.

재판은 이귀돌 씨의 승리로 끝났다. 재판 후 이귀돌 씨는 귀 뚜라미를 이용해 온도를 구하는 공식을 곤충학회에 발표했 다. 그리고 바이오7은 그해에 가장 높은 매출을 올린 방송국 이 되었다.

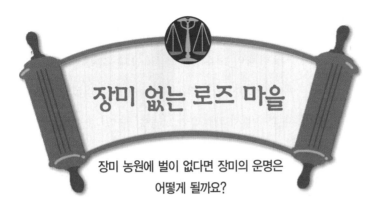

장미 없는 로즈 마을

장미 농원에 벌이 없다면 장미의 운명은
어떻게 될까요?

**사건
속으로**

과학공화국 북서부에 로즈 마을이 있다. 이 마을은 전 세계에서 가장 넓은 장미 농원을 가지고 있다. 장미 농원에는 여러 가지 색깔의 장미가 자라고 있어서 전 세계에서 이곳의 장미를 사 갔다. 이로 인해 로즈 마을은 장미를 팔아 큰 소득을 올릴 수 있었다.

로즈 마을의 장미 농원 옆에는 수천 명을 동시에 수용할 수 있는 과학공화국 최대의 고시원인 시빌 고시원이 있다. 이 고시원은 주변이 조용해서 많은 수험생들이 몰려와 취직

시험 공부를 했다.

로즈 마을의 여름 날씨는 조금 괴상했다. 에어컨을 틀면 춥고 유리창을 닫으면 더운 그런 날씨였다. 그래서 시빌 고시원에서는 에어컨 대신 방마다 대형 유리창을 설치해 원생들이 자연의 바람 속에서 쾌적하게 공부할 수 있게 했다.

그런데 이 고시원생들에게 커다란 불만이 생겼다. 인근 장미 농원의 수많은 벌들이 방 안으로 들어와 그들의 공부를 방해했기 때문이었다.

벌들 때문에 공부에 집중할 수 없었던 고시원생들은 시빌 고시원 주인 김충악 씨에게 고시원을 떠날 테니 원비를 환불해 달라고 했다. 김충악 씨는 하루만 시간을 달라고 원생들에게 사정했다.

다음 날 김충악 씨는 헬기에 벌을 죽이는 약을 가득 실어 장미 농원에 뿌렸다. 다음 날 수많은 벌들이 죽은 채 장미 농원 여기저기에 떨어져 있었다.

그날부터 고시원생들의 불만은 사라졌다. 더 이상 벌을 볼 수 없었기 때문이다. 그 일이 있은 후 몇 년이 흘렀다. 장미 농원은 이제 더 이상 장미 농원이 아니었다. 시들어 죽은 장미들로 가득 찬 폐허 그 자체였다.

김충악 씨가 장미 농원에 살충제를 뿌렸다는 사실을 뒤늦게 알게 된 로즈 마을 사람들은 김충악 씨를 생물법정에 고소했다.

벌은 꽃에 들어 있는 달콤한 꿀을 빨아 먹습니다.
이것은 꽃이 씨앗을 만들 수 있게 도와줍니다.

벌이 없으면 장미 농원이 폐허가 될까요? 그럼 벌은 장미에게 어떤 영향을 줄까요? 생물법정에서 알아봅시다.

생물짱 판사

생치 변호사

비오 변호사

🙂 피고 측 변론하세요.

😎 김충악 씨는 고시원으로 시도 때도 없이 들어오는 무수히 많은 벌들 때문에 골치를 앓아 왔습니다. 결국 벌들 때문에 공부를 못하게 된 고시원생들을 위해 벌들을 죽인 것입니다. 벌과 같은 곤충을 죽이는 약을 살충제라고 합니다. 그는 곤충을 죽이는 약을 뿌린 것이지 장미를 죽이는 약을 뿌리지 않았습니다. 그리고 장미들 사이로 벌들이 돌아다니지 않으면 관광객들이 더욱 좋아할 테니 장미 농원 측에서는 오히려 김충악 씨에게 고마워해야 할 일 아닌가요? 장미 농원이 폐허로 변한 것은 로즈 마을 사람들이 관리를 소홀히 했기 때문이라고 여겨집니다. 그러므로 김충악 씨의 무죄를 주장합니다.

🙂 원고 측 변론하세요.

😎 장미와 벌 사이의 관계를 연구하는 장미봉 박사를 증인으로 요청합니다.

장미꽃 무늬가 그려진 원피스를 입은 30대 여자가 증인석에 앉았다.

장미와 벌은 관계가 있습니까?

있습니다.

어떤 관계죠?

벌이 없으면 장미들은 죽습니다.

그게 무슨 말이죠?

장미와 같이 예쁜 꽃에는 달콤한 꿀이 많이 들어 있습니다. 그리고 벌은 그 꿀을 빨아 먹습니다.

벌이 없으면 꿀을 안 뺏기니까 더 좋은 것 아닙니까?

장미가 다시 피려면 씨가 필요합니다. 그런데 벌은 장미가 씨를 만드는 데 결정적인 역할을 합니다.

구체적으로 말씀해 주시겠습니까?

장미꽃 속에는 수술과 암술이 있습니다. 수술에는 꽃가루가 있지요. 이 꽃가루를 다른 꽃의 암술머리에 옮겨 주는 게 바로 벌입니다. 이것을 수분이라고 하죠.

수분이 일어나면 어떻게 되죠?

꽃가루와 암술머리 밑에 있는 밑씨가 만나 수정이 이루어지고 씨가 맺힙니다.

수분이 안 되면 씨가 안 만들어지니까 장미가 시들고 나서 다시 피질 않겠군요.

그렇습니다.

증인의 말처럼 사람이 아이를 낳지 않으면 그 가족의

대가 끊기게 됩니다. 마찬가지로 장미도 자신이 죽고 나면 씨로부터 자신의 자녀 장미가 태어나도록 하기 위해서 수분을 합니다. 장미는 벌과 같은 곤충의 힘을 이용하여 수분을 하고 수분이 이루어지면 수정이 이루어져 씨가 생깁니다. 그런데 김충악 씨가 벌을 모두 죽여 버렸기 때문에 장미의 꽃가루를 옮겨 수분을 시켜 줄 수 있는 방법이 없어진 것입니다. 그러므로 이번 사건에 대해 김충악 씨가 모든 책임을 져야 할 것입니다.

정말로 한심한 사건입니다. 그리고 이기주의가 낳은 사건이기도 하고요. 다른 사람에게 피해를 입히더라도 나만 살면 되겠다는 생각은 이 시대 최대의 악입니다. 김충악 씨는 다른 방법으로도 고시원 안으로 들어오는 벌을 막을 수 있었을 것입니다. 예를 들어 방마다 방충망을 설치하면 벌이 방 안으로 들어올 수 없었습니다. 김충악 씨의 잘못된 판단이 과학공화국 최고의 자랑이자 로즈 마을의 모든 것인 장미 농원을 폐허로 만들어 버린 점이 인정되므로 김충악 씨는 장미 농원의 복원에 모든 노력을 할 것을 판결합니다.

재판은 김충악 씨의 패배로 끝났다. 김충악 씨는 고시원을 처분하고 그 비용을 모두 바쳐 장미 농원 복원에 앞장섰다. 몇 년 후 장미 농원이 다시 제 모습을 드러냈다. 김충악 씨는 장미 사이를 날아다니는 벌 떼를 보면서 다시는 과거와 같은 실수를 저지르지 않겠다고 다짐했다. 김충악 씨는 현재 장미 농원의 관리사무소장으로 일하고 있다.

곤충 이야기

곤충들 가운데 공동 생활을 하는 대표적인 곤충이 개미입니다. 개미는 대개 몸길이가 1센티미터 정도이고 더듬이의 첫 번째 마디가 제일 길고 구부러져 있으며 허리가 잘록합니다.

대부분의 개미는 가족, 친척들과 함께 생활합니다. 즉 대가족 제도를 이루죠. 개미 부족은 여왕개미와 여왕개미의 딸인 일개미, 수컷인 수개미로 이루어져 있습니다. 모든 일개미들은 엄마 역할을 하고, 수개미는 짝짓기를 할 시기에만 부화되고 짝짓기가 끝나면 바로 죽습니다.

곤충의 울음

곤충은 어떻게 울음소리를 낼까요? 곤충은 사람처럼 입으로 소리를 내어 우는 게 아니라 날개나 몸의 다른 부분을 비벼서 소리를 냅니다. 울음소리를 내는 곤충에는 어떤 것들이 있을까요? 여름 곤충으로는 여치, 풀무치, 베짱이, 풀벌레가 있고 가을 곤충으로는 귀뚜라미가 있습니다.

곤충의 울음소리는 정보를 교환하는 수단으로 사용되고 곤충

의 종류에 따라서 소리도 다릅니다. 또한 같은 종류의 곤충이라
도 상황에 따라 소리가 다릅니다.

곤충의 울음소리는 정보를 교환하는 수단으로 사용됩니다.
따라서 상황에 따라 다른 소리를 냅니다.

곤충들은 날개를 펼칠 때는 소리가 나지 않고, 오므릴 때 날개를 비벼 소리를 냅니다. 날개를 빨리 비비면 높은 음이 나오고 천천히 비비면 낮은 음이 나오게 되지요.

베짱이나 귀뚜라미는 주로 밤에 울음소리를 내지만 풀무치는 대개 낮에만 웁니다. 어떤 베짱이와 귀뚜라미는 한 마리가 울기 시작하면 주위에서 합창을 하기도 하지요.

벌 이야기

벌들도 무리를 지어 생활합니다. 벌의 종류로는 꿀벌, 말벌, 흑벌, 가위벌 등이 있는데 꿀벌과 말벌이 많습니다. 특히 꿀벌은 혀가 발달되어 있어 꽃의 꿀을 핥거나 빨아 먹을 수 있습니다. 벌은 알을 낳는 관인 산란관이 바늘 모양으로 되어 있어 독을 주사할 수 있지요.

모든 벌은 침을 쏘고 나면 죽을까요? 꿀벌의 침은 일단 사람의 몸에 박히면 다시 빠지지 않게 침 표면에 갈고리 모양의 구조물이 있습니다. 따라서 꿀벌이 쏜 후 다시 날아가려고 하면 자신의 내장까지 끄집어져 나와 죽게 됩니다.

하지만 말벌은 꿀벌과 달리 침을 쏜 후에 사람의 몸에 침을 남기지 않으니까 반복해서 침을 쏠 수 있습니다.

 꿀벌을 괴롭히는 동물로는 어떤 것이 있을까요? 다음과 같은 동물들이 있습니다.

● 왕잠자리 : 공중을 빙빙 돌다가 갑자기 내려와서 꿀벌을 잡아 물고 다시 공중으로 올라가죠.

● 장수말벌 : 동굴이나 땅속에 3 내지 5층의 큰 벌집을 짓고 집단 생활을 해요. 육식성으로 꿀벌이나 다른 곤충을 잡아먹고 벌꿀, 과실즙액, 나무즙액도 먹어요.

● 벌집나방 : 벌집에 기생하여 벌집을 먹고 살죠.

우리 주위의 동물 사건

발라드를 사랑한 젖소

록 그룹 연습실 옆 농장의
젖소들은 어떤 영향을 받을까요?

사건
속으로

과학공화국 중부의 팜파스 대초원에는 많은 목장이 있어 젖
소를 사육하는 사람들이 많았다. 그것은 최근 과학공화국에
서 웰빙 붐을 타고 단백질과 칼슘이 풍부하게 들어 있는 우유
소비가 급증했기 때문이었다.

이 마을에서 3대째 살고 있는 우사모 씨는 대대로 젖소를 키
워 왔다. 그리하여 최근에는 우사모 씨가 기르는 젖소가 20
여 마리에 이르게 되었다.

우사모 씨는 아내와 함께 젖소의 젖을 짜서 자신의 브랜드

'우사모 밀크'가 적힌 병에 담아 팜파스 초원 최대 도시인 밀키스 시에 납품했다.

남다른 정성 덕분에 우사모 씨 부부가 키운 젖소는 다른 목장의 소들보다 우유의 양이 많았고 맛 또한 고소해서 우사모 밀크는 팜파스 최고의 우유로 소문났다.

그러던 어느 날 우사모 씨의 목장 옆에 조그만 가건물이 들어섰다. 며칠 후 긴 머리에 찢어진 청바지를 입은 다섯 명의 젊은이들이 가건물에서 시끄러운 음악을 연주하기 시작했다.

그들은 밀키스 브라더스라는 아마추어 밴드였는데, 록 그룹 경연대회에 나가기 위한 연습실을 찾던 중 도시에서는 주민들의 반대 때문에 연습을 할 수 없어 팜파스 대초원에 가건물을 지어 연습하기로 한 것이었다.

그날부터 하루 종일 전기 기타와 드럼 소리가 요란하게 들려왔다. 그리고 이상한 일이 벌어졌다. 우사모 씨 젖소들이 생산하는 우유의 양이 급격히 줄어들고 우유의 맛도 전처럼 고소하지 않았던 것이다.

이로 인해 우사모 밀크의 인기는 시들해졌고 우사모 씨의 소득도 전과는 비교할 수 없을 정도로 줄어들었다.

우사모 씨는 이런 일들이 밀키스 브라더스가 오고 난 후부터 일어났다며 밀키스 브라더스를 생물법정에 고소했다.

소는 매우 예민한 동물이기 때문에 스트레스를 받기 쉽습니다.
스트레스는 젖소의 우유 생산량에 영향을 줍니다.

록 그룹의 연주와 젖소의 우유 생산량은 어떤 관계가 있을까요? 생물법정에서 알아봅시다.

🧑 피고 측 변론하세요.

🧑 글쎄요, 사람도 음악의 취향이 다릅니다. 시끄러운 록 음악을 좋아하는 사람이 있는가 하면 조용한 발라드나 클래식 음악을 좋아하는 사람이 있습니다. 저는 개인적으로 모차르트나 베토벤의 클래식 음악을 들으면 잠이 오고 록 밴드의 전기 기타 소리를 들으면 스트레스가 확 풀립니다. 동물도 마찬가지 아닐까요? 젖소가 록 음악을 좋아하는지 싫어하는지는 알 수 없지 않습니까? 그러므로 젖소의 우유 생산량이 줄어든 것이 밀키스 브라더스의 음악 때문이라는 상관관계를 뒷받침할 만한 증거가 부족하다고 생각합니다. 따라서 밀키스 브라더스는 본 사건에 대해 책임이 없다고 주장합니다.

🧑 원고 측 변론하세요.

🧑 젖소 연구가인 진유방 씨를 증인으로 요청합니다.

덩치가 큰 사내가 증인석에 앉았다.

🧑 증인은 젖소에 대한 전문가로 최근에 『바람의 젖소』라는 책을 쓰셨죠?

네. 그 책이 조금 떴죠.

젖소는 어떤 동물입니까?

우유를 만들어 내는 소입니다. 보통 소에서는 우유가 안 나오죠.

그건 너무 당연한 얘기군요.

뻔한 걸 물어본 건 변호사님입니다.

증인, 지금 막가자는 겁니까?

원고 측 변호인, 지금 재판을 하는 겁니까? 아님 증인하고 싸우러 나오신 겁니까? 이번 사건과 관계된 증인 심문만 하세요.

죄송합니다. 그럼 본론으로 들어가 증인에게 다시 묻겠습니다. 시끄러운 소리가 젖소의 우유 생산량을 줄어들게 할 수 있습니까?

가능합니다. 소는 아주 예민한 동물입니다. 젖소도 소니까 예민하죠.

그게 무슨 말씀이죠?

예민하다는 얘기는 그만큼 스트레스를 받기 쉽다는 얘기입니다.

그럼 시끄러운 록 음악 때문에 젖소가 스트레스를 받을 수 있겠군요.

그렇습니다. 일단 스트레스를 받은 젖소는 더욱 예민해

져서 나오는 우유가 줄어듭니다. 또한 임신한 소가 시끄러운 소리를 지꾸 듣게 되면 쉽게 유산하게 됩니다. 공항 근처의 소들이 비행기 소리 때문에 유산하는 일이 자주 일어나죠. 그래서 소가 임신하면 아주 조용한 클래식 음악을 들려주어 소가 흥분하지 않도록 한답니다.

이번 사건은 동물도 감정이 있는데 동물의 감정을 인간들이 지켜 주지 못한 데서 생긴 일입니다. 록 그룹이 연습을 하고 인기 그룹이 되는 것을 뭐라 말하는 사람은 없습니다. 하지만 그들의 소리는 그들과 그 음악을 사랑하는 사람에게는 멋있게 들리겠지만 그런 장르의 음악을 싫어하는 사람이나 동물에게는 소음으로 생각될 수도 있습니다. 그러므로 방음 장치를 하지 않고 록 음악을 연주해 우사모 씨의 젖소들에게 심한 스트레스를 주어 일어난 이번 사건에 대해 밀키스 브라더스의 책임이 있다고 생각합니다.

판결합니다. 동물이 비록 인간에 비해 지능이 낮다고는 하지만 동물도 싫어하는 것에 의해 스트레스를 받고 좋아하는 것으로 마음의 안정을 얻습니다. 그러므로 이번 젖소 사건에 대해서는 밀키스 브라더스의 책임을 묻지 않을 수 없습니다. 다만 밀키스 브라더스는 연주 연습을 해야 하는 록 밴드이므로 밀키스 브라더스가 젖소가 좋아할 만한 조용한 음악을 연주할 것을 판결합니다.

재판이 끝난 후 밀키스 브라더스는 우사모 씨 부부에게 사과했다. 그리고 매일 조용한 발라드곡을 연주하기 시작했다. 그 후 젖소들이 생산하는 우유의 양이 증가했고 맛도 다시 고소해졌다. 밀키스 브라더스는 이듬해 록 그룹 경연대회에서 록 발라드곡인 〈슬픈 젖소의 사랑 이야기〉라는 노래로 대상을 차지해 꿈에 그리던 가수가 되었다. 그리고 그들은 그룹 이름을 밀키스 카우보이즈로 바꾸었다.

창 밖의 애완견

고양이는 입장이 되는데 개는 안 되는
레스토랑은 무죄일까요? 유죄일까요?

**사건
속으로**

최근 과학공화국에는 애완동물을 키우는 사람이 많이 늘어
났다. 애완동물 중 가장 인기 있는 것은 뭐니 뭐니 해도 사람
의 말을 잘 듣는 개이고 그다음으로는 고양이였다. 또 그리
많지는 않지만 악어나 이구아나같이 무시무시한 동물을 키
우는 사람들도 있었다.

개를 키우는 사람들과 고양이를 키우는 사람들 사이에서는
서로 자신이 키우는 동물을 자랑하다가 심한 경우 사소한 다
툼까지 가는 일도 종종 있었다.

사이언스 시티에서 고급 레스토랑 냐옹헛을 운영하는 김묘사 씨는 고양이를 열 마리나 키우고 있는 고양이 마니아다. 어느 날 그는 애완견을 열 마리 키우고 있는 이견사 씨와 저녁식사를 했다. 그러다가 두 사람 사이에 개와 고양이에 대한 논쟁이 시작되었다.

"개보다는 고양이가 영리해. 아마 아이큐가 훨씬 높을걸."

김묘사 씨가 말했다.

"그건 똥개들 얘기고 우리가 키우는 애완견은 고양이보다 아이큐가 훨씬 높아."

이견사 씨는 목에 핏대를 세우고 말했다.

두 사람의 대화는 점점 고성으로 바뀌어 갔고 결국 우정에도 금이 갔다.

그다음 날부터 개에 대한 증오심을 가지게 된 김묘사 씨의 레스토랑에는 이상한 경고문이 붙었다.

개는 들어올 수 없음!! 고양이는 환영!!

우연히 김묘사 씨의 레스토랑 앞을 지나가던 이견사 씨는 개를 입장시키지 않는 김묘사 씨에게 따지기 위해 개 두 마리와 함께 레스토랑으로 들어갔다.

김묘사 씨는 종업원을 시켜 개를 바깥으로 던져 버리라고 했

개와 고양이 모두 사람들에게 매우 사랑받는 애완동물이지만
그 둘은 매우 다른 특성을 지니고 있습니다.

다. 이 사건에 분개한 이견사 씨와 애견클럽 회원들은 개를 입장시키지 않는 냐옹헛을 생물법정에 고소했다.

여기는
생물법정

개와 고양이의 차이는 무엇일까요? 김묘사 씨는 이견사 씨와의 싸움 때문에 개를 입장시키지 않은 것일까요? 아니면 다른 이유가 있을까요? 생물법정에서 알아봅시다.

생물짱 판사

생치 변호사

비오 변호사

🧑‍⚖️ 원고 측 변론하세요.

👩 개는 충성심이 아주 강한 동물입니다. 그래서 오랜 세월 동안 사람들의 사랑을 받아 왔습니다. 요즘같이 마음을 주고받을 만한 친구가 별로 없는 시대를 살아가는 현대인들에게 애완견은 기쁨을 주고 있습니다. 빡빡한 사회생활 속에서 지친 하루를 마치고 집에 들어섰을 때 주인을 향해 꼬리를 치며 달려오는 애완견은 더없는 행복을 줍니다. 그러므로 애완견은 사람이 갈 수 있는 모든 곳에 갈 수 있어야 합니다. 그럼에도 불구하고 냐옹헛에서 고양이는 데리고 들어오게 하고 개는 못 들어오게 하는 것은 두 동물을 차별하는 행위이므로 당연히 제재해야 한다고 생각합니다.

🧑‍⚖️ 피고 측 변론하세요.

🧑 묘견비교연구소의 고양개 박사를 증인으로 요청합니다.

앞에는 개 그림이, 뒤에는 고양이 그림이 그려진 티셔츠를 입은 증인이 등장했다.

🙂 묘견비교연구소는 무엇을 하는 곳이죠?

😎 고양이와 개를 비교 연구하는 곳입니다.

🙂 개와 고양이의 차이에 대해 말씀해 주시겠습니까?

😎 개와 고양이는 완전히 다른 동물입니다. 개는 비교적 온순하지만 종류에 따라 사나운 개도 있습니다. 개가 행동이 좀 둔한 반면 고양이는 행동이 민첩하고 유연한 관절로 이루어진 다리 때문에 높은 곳에서 뛰어내릴 수도 있습니다.

🙂 그런 일반적인 비교 말고 이번 사건과 관련된 두 동물의 차이에 대해 말씀해 주세요.

😎 냐옹헛은 분위기 있는 레스토랑입니다. 즉 연인들이 즐겨 찾는 곳이죠.

🙂 그것과 개가 냐옹헛에 들어갈 수 없는 게 무슨 관계가 있습니까?

😎 개는 밤에 시력이 약합니다. 그러니까 어두운 곳에서는 잘 못 보죠. 하지만 고양이는 어두운 곳에서는 많은 빛을 받을 수 있도록 눈동자가 커지고 밝은 곳에서는 빛을 조금 받아들이도록 눈동자가 작아집니다.

🙂 그러니까 비교적 어두운 레스토랑에서 개는 돌아다니

다가 다른 사람들과 부딪칠 수가 있겠군요.

하지만 냐옹헛에서 개를 입장시키지 않는 다른 이유가 있다고 봅니다.

그게 뭐죠?

고양이는 똥오줌을 잘 가리는 반면 개는 그렇지 못합니다. 즉 개는 아무 데나 똥오줌을 싸니까 레스토랑으로서는 골칫거리가 될 것입니다.

고양이는 훈련을 안 받아도 똥오줌을 잘 가리나요?

고양이는 깔끔한 동물입니다. 그러니까 한쪽에 모래를 채운 통을 놓아 두면 고양이는 그곳에서 똥오줌을 싸고 보이지 않게 모래로 다시 덮어 놓습니다.

정말 깔끔한 동물이군요. 존경하는 판사님, 레스토랑은 사람들이 비싼 돈을 내고 식사를 하며 분위기를 즐기는 곳입니다. 최근에는 국민들이 애완견이나 고양이에 대한 애정이 강해져 그들이 큰 방해만 되지 않는다면 여기저기 돌아다니는 것은 견딜 수 있을 것입니다. 하지만 여기저기 있는 개의 똥오줌을 보면서 맛있게 식사를 할 손님은 그리 많지 않다고 봅니다. 그러므로 똥오줌을 가리는 고양이를 입장시키고 그렇지 못한 개를 입장시키지 않은 냐옹헛의 조치는 당연하다고 생각합니다.

이번 판결은 조심스럽습니다. 왜냐하면 개를 좋아하는

사람이 더 많기 때문입니다. 피고 측 변호인의 얘기처럼 식당 안에서 개의 똥오줌이 보이면 식사 분위기를 망친다는 점은 인정합니다. 하지만 한시도 개를 떼어 놓지 못하는 사람들이 많다는 점을 고려하여, 모든 식당들에 대해 고양이를 데리고 온 손님과 개를 데리고 온 손님을 분리하고 개를 데리고 온 손님의 경우 개의 똥오줌을 주인이 직접 치우도록 하는 방향으로 판결하겠습니다.

재판이 끝난 후 냐옹헛에는 두 개의 문이 생겼다. 왼쪽은 고양이와 함께 입장하는 곳이고 오른쪽은 개와 함께 입장하는 곳이었다.

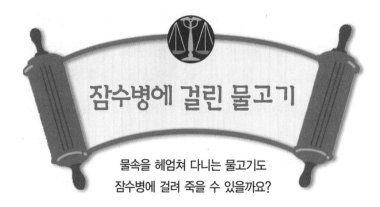

잠수병에 걸린 물고기

물속을 헤엄쳐 다니는 물고기도
잠수병에 걸려 죽을 수 있을까요?

**사건
속으로**

과학공화국 중부 지방에 위치한 피시 마을은 조그만 실개천
이 마을 사이를 흐르는 평화로운 시골 마을이다. 이 마을의
실개천은 너무 깨끗해서 다른 지역에서는 볼 수 없는 많은
물고기들을 볼 수 있다.

피시 마을의 어린이들은 이렇게 축복받은 자연 환경 속에서
물고기들과 놀았다. 그리고 그들은 미래에 물고기 연구가가
되겠다는 꿈을 마음속에 품고 수많은 종류의 물고기들을 관
찰했다.

하지만 얼마 후부터 피시 마을의 조용한 행복이 사라졌다. 피시 마을 인근에 피시 발전소가 들어섰기 때문이다. 피시 발전소는 과학공화국에서 두 번째로 큰 규모의 화력 발전소다.

발전소가 들어서고 나서 피시 마을에는 이상한 일들이 벌어지기 시작했다. 실개천 사이를 빼곡히 채우던 수많은 물고기들이 시체가 되어 물 위에 떠오른 것이었다.

피시 마을의 어린이들에게는 이제 같이 놀 친구가 없어졌다. 아이들의 실망이 커지자 피시 마을의 어른들이 대책 회의를 했다.

"발전소 때문에 물고기가 떼죽음 당했어요. 도대체 발전소에서 무슨 짓을 한 거죠?"

마을 청년회장이 핏대를 세우며 말했다.

"잘 모르겠지만 뭔가 독이 있는 성분을 개천에 내보내는 것 같습니다."

마을 부녀회장이 말했다.

"발전소가 들어온 뒤 개천 물이 전보다 더워졌어요."

피시 마을의 초등학교 과학 선생이 말했다. 마을 사람들은 물고기의 떼죽음의 정확한 원인은 알 수 없지만 발전소 때문이라는 확신을 가지게 되었다. 그리하여 피시 마을 사람들은 피시 발전소를 생물법정에 고소했다.

발전소에서 흘러나온 물은 질소의 함량이 높습니다.
질소의 함량은 물고기의 생명에 많은 영향을 미칩니다.

발전소가 생겨 물이 더워진 것이 물고기의 죽음과 관계있을까요?
생물법정에서 알아봅시다.

생물짱 판사

생치 변호사

비오 변호사

🧑‍⚖️ 피고 측 변론하세요.

👨 발전소는 나라의 전기를 만드는 시설입니다. 요즘은 전
기 없이는 그 어떤 것도 할 수 없는 시대이니만큼 정부가 가
지고 있는 빈 땅에 화력 발전소를 세우는 것은 당연한 일입니
다. 그리고 화력 발전소는 물을 데워서 거기에서 발생하는 열
에너지로 터빈을 돌려 전기를 발생시킵니다. 물론 뜨거운 물
이 실개천으로 흘러 들어가겠죠. 하지만 그 물속에 독소 성분
은 없습니다. 다만 온도가 조금 높다는 것뿐이죠. 그러므로
수온이 조금 올라갔다는 것만으로 물고기가 떼죽음 당했다는
원고 측의 주장은 적절하지 못하다고 생각합니다.

🧑‍⚖️ 원고 측 변론하세요.

👨 물고기 박사로 유명한 어류장 박사를 증인으로 요청합
니다.

어류장 박사가 증인석에 앉았다.

👨 증인은 물고기에 대한 전문가입니다. 이번 물고기의 떼
죽음이 발전소와 관계가 있다고 보십니까?

그렇습니다.

어떤 이유에서 그렇게 확신하죠?

피시 마을에 세워진 발전소는 화력 발전소입니다. 그러니까 발전을 위해 사용된 물이 항상 흘러나와 실개천으로 흘러 들어가지요. 그로 인해 물고기가 죽을 수 있습니다.

좀 더 구체적으로 말씀해 주십시오.

물속에는 공기가 녹아 있습니다. 물론 공기는 산소와 질소로 이루어져 있고 물고기는 산소를 이용하려고 숨을 쉽니다. 이때 물고기는 산소뿐 아니라 질소도 들이마시게 되는데 이로 인해 물고기의 피에는 적당량의 질소가 들어 있게 됩니다. 물고기는 들이마신 질소의 양이 그리 많지 않으면 아가미를 통해 질소를 물로 내보낼 수 있습니다. 하지만 질소의 양이 너무 많아지면 밖으로 채 나가지 못한 질소가 핏속에서 거품이 되어 버립니다. 이로 인해 피의 순환이 제대로 이루어지지 못해 물고기가 죽을 수 있습니다.

하지만 더운 물이든 차가운 물이든 물속에 들어 있는 질소의 양은 거의 비슷한 것 아닌가요?

더운 물에는 기체가 녹기 힘들어 질소의 양이 적습니다.

그럼 이상하군요. 발전소로 인해 질소의 양이 더 줄어들면 물고기가 죽을 이유가 없지 않습니까?

발전소에서 나오는 물은 보통의 물에 비해 질소 함유량

이 높습니다. 그러니까 발전소에서 버린 물이 실개천의 질소의 양을 증가시킨 거죠. 이로 인해 물고기들이 지나치게 많은 질소를 들이마시게 되었고 그래서 떼죽음을 당한 것으로 생각됩니다.

존경하는 판사님, 저는 처음에는 발전소의 물이 더워져서 물고기가 죽은 것으로 생각했습니다. 하지만 물고기가 떼죽음한 원인은 바로 발전소에서 흘러나온 물에 포함된 질소의 양이 너무 많아서입니다. 그러므로 피시 마을 물고기 떼죽음 사건에 대해 피시 발전소 측은 책임을 져야 한다고 생각합니다.

최근 자연과 인공 사이의 부조화로 인한 자연 파괴가 여기저기서 발생하고 있습니다. 우리는 이제 자연적인 환경만으로 살 수는 없습니다. 그것은 문명의 발전 때문입니다. 하지만 자연과 인공의 만남에서 자연이 파괴될 소지가 있다면 인공적인 시설물을 세우는 것을 포기해야 할 것입니다. 이번 사건은 발전소 측에서 물을 내보낼 때 질소의 함유량을 체크하기만 했더라도 막을 수 있었던 일인 만큼 피시 마을의 물고기들의 떼죽음은 전적으로 피시 발전소의 책임이라고 판단됩니다.

재판이 끝난 후 피시 발전소는 다른 지역에서 작은 물고기들을 사들여 실개천에 놓아 주었다. 그리고 폐수를 흘려 보내기 전에 질소 함유량을 체크하는 장치를 설치하였다. 이렇게 하여 피시 마을의 실개천에는 다시 수많은 물고기들이 헤엄쳐 다니고 아이들의 얼굴에도 웃음이 되살아났다.

비둘기 택배 사건

비둘기가 뚱뚱해지면 날지 못하게
될 수도 있을까요?

**사건
속으로**

최근에 태양에서 오는 강력한 태양풍으로 인해 지구 주위를
돌던 모든 통신 위성들이 고장을 일으켰다. 이로 인해 지구
전역에 통신 대란이 일어났다.

이 때문에 과학공화국에서는 인터넷과 핸드폰을 사용할 수
없게 되었다. 그래서 중요한 메시지를 전달하기 위해 편지가
다시 등장하게 되었다.

우체국과 개인 택배 회사들이 우후죽순 생겨나기 시작했는
데, 그중에 비둘기 택배 회사가 가장 큰 인기를 모았다. 사람

들은 비둘기를 이용해 다른 사람들에게 쪽지를 전달했는데, 예로부터 길을 잘 찾는 것으로 알려진 비둘기의 특별한 능력을 이용한 것이었다.

훈련된 비둘기에게 단골 고객들의 집을 익히게 한 뒤 전달해야 하는 편지를 물어 오게 한다. 그다음 편지를 배달해야 하는 집을 무인 조정 모형 항공기로 가르쳐 주면 다음 번 배달부터는 무인 항공기 없이도 비둘기 혼자 배달을 할 수 있었다.

비둘기 택배는 매번 다른 곳으로 배달되는 편지에는 쓸모가 없지만, 정기적으로 같은 집에 보내야 하는 정기간행물에는 제격이었다.

비둘기 택배의 인기가 날로 높아져 배달 물량이 점점 증가했다. 그리하여 비둘기 택배 회사는 비둘기를 새로 만 마리나 구입해 비둘사육소에 사육을 의뢰했다.

비둘사육소에서는 만 마리의 비둘기에게 대충 모이를 뿌려 주고 그 관리에는 소홀했는데, 이 때문에 지나치게 모이를 많이 먹은 비둘기들은 몸이 뚱뚱해졌고 불어난 무게 때문에 잘 날지 못하고 바닥을 걸어다녔다.

비둘기 택배 회사는 날 수 없는 비둘기로는 택배를 할 수 없다며 비둘기를 원래의 몸매로 돌려놓거나 아니면 새로 비둘기 만 마리를 구입할 수 있도록 보상하라고 요구했지만 비둘사육소는 이를 거부했다.

그리하여 이 사건은 비둘기 택배의 고소로 생물법정에 넘어
가게 되었다.

사람도 적당량 이상의 음식을 섭취하면 비만이 되듯 비둘기도 마찬가집니다.
이런 식의 환경 변화는 몸의 구조나 형태를 바꾸기도 합니다.

비둘기가 뚱뚱해지면 나중에는 닭처럼 잘 날지 못하는 새가 될까요? 생물법정에서 알아봅시다.

생물짱 판사

생치 변호사

비오 변호사

피고 측 변론하세요.

요즘 비둘기를 보면 사람들이 모이를 주는 것에 익숙해져서 게을러졌습니다. 하지만 그건 어디까지나 사람들이 비둘기를 좋아하기 때문입니다. 비둘기 택배 회사는 비둘사육소에 장거리를 날 수 있도록 비둘기들을 훈련시켜 달라는 요구를 하지 않았습니다. 따라서 비둘사육소는 만 마리의 비둘기들이 광장에서 관광객을 맞이하는 비둘기들인 줄 알고 충분히 먹이를 먹을 수 있도록 하였던 것입니다. 즉 비둘사육소는 비둘기 택배 회사로부터 비둘기를 어떤 목적으로 사용할지 전해 들은 바가 없으므로 책임을 질 필요가 없다고 생각합니다.

원고 측 변론하세요.

이볼브 연구소의 이진화 박사를 증인으로 요청합니다.

이진화 박사가 증인석에 앉았다.

증인이 하는 일을 말씀해 주십시오.

저는 생물의 진화에 대한 연구를 하고 있습니다.

진화가 뭐죠?

생물은 세월이 흐르면 모습이 변하게 됩니다. 이렇게 생물이 오랜 세월에 걸쳐 환경에 적응하면서 몸의 구조나 형태가 조금씩 변하는 현상을 진화라고 합니다.

생물이 진화되면 어떤 일이 일어나죠?

자주 사용하는 기관은 점점 발달하고 사용하지 않는 기관은 점점 퇴화됩니다. 그리고 이렇게 진화된 모습이 다음 대로 유전이 됩니다.

사람도 진화되었나요?

그렇습니다. 사람도 예전에는 꼬리가 있었습니다.

꼬리요?

하지만 지금은 꼬리를 사용할 필요가 없으니까 퇴화되어 없어졌습니다.

그걸 증명할 수 있나요?

물론입니다. 꼬리가 있었던 흔적이 남아 있는데 그것이 바로 엉덩이에 있는 꼬리뼈입니다.

또 다른 예가 있나요?

있습니다. 닭도 예전에는 다른 새들처럼 먼 거리를 날아갈 수 있었지만 사람들이 모이를 주고 키우다 보니까 먹이를 찾으러 날아갈 일이 별로 없어서 몸은 커지고 날개는 퇴화되어 멀리 날 수 없게 된 것입니다.

이번 사건도 비둘기의 진화와 관계가 있을까요?

진화는 오랜 세월에 걸쳐 변하는 과정이라 이번 사건은 진화와 직접적인 관계는 없지만, 사람들이 이런 식으로 비둘기에게 지나치게 많은 모이를 주다 보면 비둘기도 몸은 커지고 날개는 퇴화되어 닭처럼 멀리 날지 못하는 새가 될 수 있습니다.

이번 일은 비둘기의 진화에 경종을 울리는 사건이 될 수 있습니다. 비록 진화가 오랜 세월에 걸쳐 몸의 기관의 일부가 퇴화되거나 발달하는 현상이므로 이번 사건과는 직접적인 관계가 없지만, 이런 식으로 계속 비둘기를 사육하면 비둘기 날개가 퇴화되고 몸은 비대해져 오랜 세월이 지난 후에는 힘차게 하늘을 나는 비둘기의 모습을 보지 못하게 될지도 모른다는 생각이 듭니다. 그러므로 지나치게 먹이를 먹게 해 비둘기가 잘 날 수 없게 되었다면 이는 비둘사육소의 관리에 문제가 있었다고 판단됩니다.

사람도 적정량 이상의 음식을 계속 섭취하면 비만이 되듯이 비둘기도 마찬가지라고 생각합니다. 그러므로 비둘기의 일일 먹이 섭취량을 관리하지 않은 비둘사육소는 비둘기의 사육을 제대로 책임졌다고 보기 어려우므로 이 사건에 대한 책임은 비둘사육소에 있다고 판결합니다. 다만 비둘기 택배 회사 역시 비둘기를 어떤 목적으로 사용할 것이라는 얘기를 사육소 측에 전달하지 않은 점이 고려되어 그 책임의 일부를 져야 할 것입니다.

비둘사육소와 비둘기 택배 회사가 손실 비용을 7:3으로 처리하는 것으로 판결이 났다. 그런데 두 회사에 반가운 소식이 전해졌다. 아프로 광장이라는 곳에서 잘 날지 못하는 비둘기 만 마리를 구입하겠다고 했다. 광장에 비둘기 만 마리를 풀어 관광객을 유치할 목적이라고 한다.

진화 이야기

사람에게는 꼬리뼈라는 것이 있습니다. 사람은 꼬리가 없는데 왜 꼬리뼈가 있을까요? 원래 사람은 꼬리가 있었습니다. 그런데 사용을 하지 않다 보니까 점점 사라지게 된 것이죠. 이렇게 사용하지 않는 신체의 일부는 사라지고 사용을 많이 하는 부분은 발전하면서 생물의 모양이 오랜 세월에 걸쳐 달라지는 것을 진화라고 합니다.

평생 동안 땅속에서 사는 동물도 있습니다. 그런 동물에게 눈은 필요 없겠죠? 예를 들어 동굴영원이라는 동물은 원래 땅에 살았고 눈도 달려 있었습니다. 하지만 캄캄한 땅속에서만 살다 보니까 더 이상 눈이 필요 없게 되었습니다. 그래서 눈은 퇴화되어 앞을 볼 수 없고 후각을 이용하여 땅속의 먹이를 찾으며 살아갑니다.

물 없이 땅속에서 살 수 있는 물고기도 있습니다. 이런 물고기를 폐어라고 합니다. 물고기는 아가미를 이용하여 물속의 산소를 흡수합니다. 아가미로는 공기 중의 산소를 흡수할 수 없으므로 물고기는 물 밖에서 호흡을 할 수 없습니다. 하지만 폐어는 물 밖에서 호흡할 수 있도록 진화한 물고기입니다. 건조기 아프리카의 호수 바닥에는 말라붙은 진흙 속에 폐어가 있습니다. 폐어는 내장 중 하나를 부풀어 오르게 하여 공기 중의 산소를 흡입할 수 있는 폐로 진화시켰습니다.

폐어는 물 없이 땅속에서 살 수 있는 물고기입니다.
물 밖에서 호흡할 수 있도록 진화되었습니다.

사람의 조상은 침팬지일까?

사람의 조상은 어떤 동물일까요? 즉 사람은 어떤 동물이 진화한 걸까요? 사람은 모든 동물들 중에서 유일하게 두 발로 걸어다니는 동물입니다. 그럼 왜 사람이 두 발로 걸어다니게 되었을까요?

어떤 사람들은 사람이 침팬지나 고릴라로부터 진화되었다고 주장합니다. 하지만 여러분이 보고 있는 침팬지나 고릴라가 오랜 세월이 흐른다 해도 사람으로 진화할 수는 없습니다. 최근의 이론에 의하면 사람과 침팬지는 원래 하나의 조상에서 분화되었다고 합니다. 물론 그 하나의 조상은 온몸에 털이 많고 네 발로 기어 다녔습니다. 사람과 침팬지의 조상이 하나는 침팬지로 또 하나는 사람처럼 두 발로 걷는 호미니드로 진화했습니다. 호미니드가 계속 진화하여 현재의 사람이 된 것이지요.

그럼 왜 두 발로 걸어 다니게 되었을까요? 그것은 네 발로 기어 다닐 때보다 태양열을 더 많이 쪼일 수 있기 때문입니다. 또한 무서운 동물을 만났을 때 빨리 알아보고 대피할 수 있기 때문이지요. 이렇게 두 발로 걷게 되면서 나머지 두 개의 발은 새로운 용도로 사용되기 시작했지요. 그것이 바로 손입니다.

야생 동물 사건

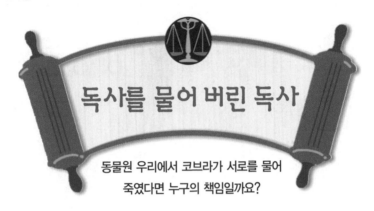

독사를 물어 버린 독사

동물원 우리에서 코브라가 서로를 물어
죽였다면 누구의 책임일까요?

**사건
속으로**

과학공화국 서부의 작은 도시인 주로지 시의 어린이들에게
반가운 소식이 들려왔다. 주로지 시는 규모가 작아 그동안
동물원이 없었는데 최근에 동물원이 개장된 것이다. 주로지
시는 자매결연을 맺은 사이언스 시티로부터 동물을 기증받
아 조그만 동물원을 만들었다. 사자, 코끼리, 호랑이, 원숭
이 등 많은 동물들이 주로지 동물원에 모여들었다. 처음으로
동물을 직접 본 주로지 시의 아이들은 주말마다 부모님과 함
께 동물원에 가서 동물들에게 모이를 주면서 즐거운 시간을

보냈다.

주로지 동물원에서 아이들에게 가장 인기가 있는 곳은 두 마리의 코브라가 서로 엉켜 있는 코브라 우리였다. 아이들은 무시무시한 코브라를 보기 위해 우리 주위에 모여들었다.

그런데 어느 날부터인가 주로지 동물원에서 코브라를 볼 수 없었다. 코브라를 보기 위해 동물원에 온 수많은 아이들이 실망했다. 여섯 살 난 아들을 데리고 주로지 동물원을 찾은 김이새 씨는 코브라 때문에 아들이 크게 실망하자 동물원장을 찾아갔다.

"도대체 코브라는 왜 안 보여 주는 겁니까?"

"둘 다 죽었어요."

"왜 죽었죠?"

"싸우다가 서로를 물었죠. 그래서 독이 퍼져 두 마리 모두 죽었습니다."

"당신들이 관리를 잘못해서 그런 사건이 벌어진 거군요."

"우리도 그런 일이 벌어질 줄 몰랐습니다."

김이새 씨는 아들을 데리고 집으로 왔다. 그리고 인터넷을 통해 코브라의 사진과 동영상을 보여 주며 아들을 달랬다. 하지만 크게 실망한 아들은 저녁도 안 먹고 코브라를 직접 보게 해 달라고 김이새 씨를 졸랐다.

아들의 투정에 화가 머리끝까지 난 김이새 씨는 아이들의 우

2500여 종의 뱀 중 독사는 250종 정도 됩니다.
독사끼리 물면 죽기도 하지만 죽지 않기도 합니다. 독에 따라 다른 것이지요.

상인 코브라의 죽음이 주로지 동물원의 관리 부실 때문에 벌어진 사건이라며 주로지 동물원을 생물법정에 고소했다.

여기는 생물법정

독사의 독은 자기 자신도 죽일 수 있을까요? 생물법정에서 알아봅시다.

생물짱 판사

생지 변호사

비오 변호사

 피고 측 변론하세요.

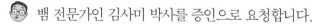 동물들을 한 마리씩 우리에 가두지는 않습니다. 원숭이는 원숭이끼리 사자는 사자끼리 가둡니다. 그러므로 코브라 두 마리를 한 우리에 넣는 것은 당연한 이치입니다. 그런데 코브라 두 마리가 서로 싸워 두 마리가 모두 죽은 것을 동물원의 관리 부실로 돌릴 수는 없습니다. 사자 두 마리를 가둔 우리에서 두 마리가 싸워 한 마리가 죽을 수도 있습니다. 그럼 그것도 관리 부실입니까? 그렇게 따지면 모든 동물을 한 마리씩 우리에 넣어야 하는데 그러면 동물들이 외로워서 우울증에 걸릴 수 있습니다. 그러므로 이번 사건에 대해 동물원의 책임은 없다고 생각합니다.

원고 측 변론하세요.

뱀 전문가인 김사미 박사를 증인으로 요청합니다.

김사미 박사가 증인석에 앉았다.

증인은 뱀에 대한 책을 많이 쓴 걸로 알고 있습니다.

네. 대표작은 『뱀과의 추억』이란 작품이죠. 정말 재밌습니다.

간접 책 광고는 곤란합니다. 뱀이란 어떤 동물이죠?

뱀은 다리가 없는 파충류입니다. 세계적으로 뱀의 종류는 2500종이죠.

모든 뱀에 독이 있습니까?

독이 있는 뱀을 독사라고 하는데 250종 정도만이 독사입니다.

독사끼리 물면 독사가 죽습니까?

어떤 독사냐에 따라 다릅니다.

무슨 말씀이죠?

독사 중의 하나인 살무사는 서로 물어도 죽지 않지만 코브라가 다른 코브라를 물면 죽습니다.

그건 왜죠?

살무사의 독과 코브라의 독이 다르기 때문이죠.

코브라의 독이 더 세군요.

그렇게 볼 수 있습니다.

독의 성분이 다릅니까?

그렇습니다. 예를 들면 살무사의 독은 출혈독입니다.

자세히 설명해 주시죠.

사람이 살무사에 물리면 독이 핏줄 속으로 들어가 핏줄을 파괴시켜 결국 내출혈이 일어나 사람이 죽습니다. 하지만 살무사는 이 독에 대한 자체 면역력이 있어 물려도 죽지 않습니다.

그럼 코브라의 독은 뭐죠?

그건 신경독입니다.

그건 또 어떤 독이죠?

신경독은 신경에 침입해 숨을 막아 버리기 때문에 물리면 바로 죽습니다. 물론 코브라도 물리면 숨을 쉴 수 없어 죽지요.

동물원의 각 동물들을 관리하는 데에는 동물들에 대한 지식이 필요합니다. 하지만 주로지 동물원은 코브라의 독이 코브라 자신을 죽일 수 있다는 사실을 몰랐습니다. 일반적으로 동물원장은 동물에 대한 지식이 많은 사람이 맡아야 하는데 주로지 동물원의 경우 그러지 않았습니다. 또한 동물원장이 잘 모를 경우에는 동물에 대해 해박한 지식을 가진 직원을 채용할 의무가 있는데 주로지 동물원의 경우 그런 직원이 단한 명도 없었습니다. 그러므로 주로지 동물원은 다른 예산을 줄여서라도 코브라를 다시 구입하여 주로지 시의 아이들의 실망을 달래 주어야 할 의무가 있다는 것이 본 변호사의 생각입니다.

🙂 판결합니다. 주로지 시의 동물원이 각 동물의 특성에 대한 지식이 부족했다는 점이 인정됩니다. 코브라에 대해 조금만 알았더라도 코브라를 아마 독방에 가두었을 것입니다. 그것은 아주 위험한 범죄자를 독방에 가두는 것과 같은 원리입니다. 그러므로 주로지 동물원은 어떤 방법을 쓰든 일주일 내에 코브라를 다시 동물원에서 볼 수 있게 할 것을 판결합니다.

주로지 동물원장은 사이언스 시티 동물원에 가서 이번에는 잘 키울 테니 코브라를 한 마리만 더 기증해 달라고 사정했다. 사이언스 시티는 결국 코브라 한 마리를 더 주로지 동물원에 기증했고, 아이들은 다시 코브라를 직접 볼 수 있었다. 그리고 아이들 앞에서 잘생긴 총각이 코브라에 대해 설명해 주고 있었는데, 이 사람은 사이언스 대학 동물학과를 졸업하고 주로지 동물원에 취직한 동물원 가이드였다.

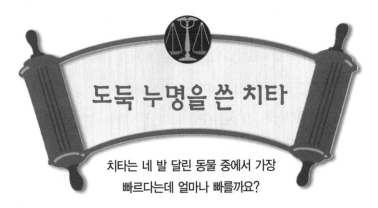

도둑 누명을 쓴 치타

치타는 네 발 달린 동물 중에서 가장
빠르다는데 얼마나 빠를까요?

**사건
속으로**

과학공화국 중서부의 세렝사육소는 맹수들을 사육하여 각
지역의 동물원에 판매하는 일을 하고 있다. 세렝사육소에는
사자나 표범, 치타와 같은 맹수들이 많이 살고 있는데, 맹수
들이 인근 마을을 덮치는 것을 막기 위해 세렝사육소는 담으
로 둘러싸여 있었다.

하지만 담이 그리 높지 않아 점프력이 좋은 맹수는 담을 넘
을 수 있을 것처럼 보였다. 인근 마을 사람들이 담의 높이를
높여 달라고 세렝사육소에 수차례 건의했지만 사육소 소장

인 진자린 씨는 동물 사육 규정에 따른 적정한 높이라며 주민들의 건의를 묵살했다.

노사묘 씨는 세렝사육소의 치타 우리로부터 2킬로미터 떨어진 곳에서 애완 토끼를 사육했다. 애완 토끼는 집토끼와는 달리 가정에서 키우는 순종 토끼이기 때문에 한 마리당 가격이 집토끼에 비해 훨씬 비쌌다.

하지만 다양한 종류의 애완동물을 찾고 있는 시대이기 때문에 노사묘 씨의 애완 토끼는 비싼 값에도 불구하고 과학공화국에서 제법 인기를 끌었다.

노사묘 씨는 혹시라도 치타가 담을 넘어 토끼를 물어 갈까 봐한시도 경계를 늦추지 않았다. 그날도 노사묘 씨는 2킬로미터 떨어진 치타 우리를 바라보며 망을 서고 있었다. 세렝사육소의 담과 토끼 농장 사이에는 아무것도 보이지 않았다.

갑자기 노사묘 씨는 배가 아파 화장실로 급히 뛰어갔다. 애완 토끼에 대한 걱정 때문에 제대로 용변을 볼 수 없었던 노사묘 씨는 정확히 2분 만에 다시 우리로 돌아왔다. 놀랍게도 그 짧은 2분 사이에 노사묘 씨의 애완 토끼 두 마리가 사라져 버렸다.

노사묘 씨는 이렇게 짧은 시간 동안 토끼를 물어 갈 수 있는 동물은 치타뿐이라며 세렝사육소의 진자린 소장을 생물법정에 고소했다.

과연 단거리 선수는 치타로군요.

육상 동물 중에서 가장 빠른 치타는 100미터를 3초에 뛴다고 합니다.
하지만 그러한 속도로 긴 거리를 달리지는 못합니다.

치타는 100미터를 몇 초에 뛸 수 있을까요? 또 치타는 이 속력을 계속 유지할 수 있을까요? 생물법정에서 알아봅시다.

생물짱 판사

생치 변호사

비오 변호사

원고 측 변론하세요.

치타는 100미터를 3초 정도에 뛴다고 합니다. 보통 치타는 네 발 달린 동물 중에서 가장 빠릅니다. 세렝사육소의 치타 우리와 노사묘 씨의 토끼 농장 사이의 거리가 정확히 2킬로미터입니다. 치타가 100미터를 3초에 뛰므로 2킬로미터를 달리는 데 걸리는 시간은 60초입니다. 그러므로 치타는 노사묘 씨가 화장실에 다녀온 2분 동안 토끼를 물고 다시 우리 안으로 들어갈 수 있습니다. 그러므로 치타를 애완 토끼 절도죄로 고소합니다.

원고 측 변호인, 여기는 동물들이 재판받는 곳이 아닙니다.

죄송합니다. 조금 흥분하다 보니……. 치타의 관리를 소홀히 한 진자린 세렝사육소장이 노사묘 씨에게 손해 배상할 책임이 있다고 주장합니다.

피고 측 변론하세요.

동물속도연구소의 이애니 소장을 증인으로 요청합니다.

이애니 소장이 증인석에 앉았다.

치타가 동물 중에서 가장 빠른가요?

아니요. 육상 동물 중에서 가장 빠른 거죠. 하늘을 나는 매나 독수리가 훨씬 빨라요.

치타의 속력이 어느 정도인가요?

보통 시속 110킬로미터에서 120킬로미터 정도라고 얘기합니다.

우아, 고속도로를 달리는 자동차의 속력이군요. 치타는 어떻게 그렇게 빨리 뛰는 거죠?

유연한 몸 때문이죠. 용수철을 눌렀다가 놓았을 때 탄성력에 의해 용수철이 빠르게 튀어 나가듯이, 치타는 몸을 접었다가 펴는 탄성력으로 빨리 뛸 수 있습니다.

치타가 100미터를 거의 3초에 뛴다고 하던데요. 그렇다면 원고 측이 주장한 것처럼 치타가 1분 만에 2킬로미터를 질주할 수 있습니까?

불가능합니다.

그건 왜죠?

100미터 선수가 1500미터 경주에 우승하는 거 봤습니까?

못 봤죠.

마찬가지입니다. 치타는 단거리 선수입니다. 치타가 천

천히 걷다가 먹잇감을 향해 자신의 최고 속력을 내어 뛰는 거리는 고작해야 100미터도 안 됩니다. 만일 긴 거리를 이 속도로 질주한다면 치타는 심장마비로 죽게 됩니다.

그럼 치타가 그렇게 뛸 이유가 없겠군요.

물론입니다. 치타라면 처음에는 애완 토끼의 우리까지 천천히 걸어가고 마지막 한순간에 폭발적인 스피드를 내어 사냥할 것입니다.

고맙습니다. 증인이 얘기한 대로 치타는 2킬로미터라는 거리를 시속 110킬로미터라는 엄청난 스피드로 뛸 수 없으며 뛰지도 않습니다. 그러므로 치타는 노사묘 씨의 애완 토끼를 훔친 범인이 될 수 없습니다. 따라서 치타의 무죄를 주장하는 바입니다.

허허. 치타가 아니라 치타를 관리하는 진자린 씨에 대해 얘기하라니까요. 아무튼 판결합니다. 진자린 씨가 사육하는 치타는 노사묘 씨의 애완 토끼가 사라진 사건과는 관계가 없다고 생각합니다. 하지만 치타는 사람이나 가축에게 위협이 될 만한 맹수이므로 노사묘 씨가 불안에 떨지 않고 잘 수 있도록 치타 우리의 담 높이를 조금만 더 높게 해 주는 것이 좋을 것 같습니다.

재판 후 진자린 씨는 치타 우리의 담을 높였다. 그리고 노사

묘 씨는 애완 토끼 우리에 CCTV를 설치하고 이후 편안하게
잘 수 있게 되었다.

악어의 신장을 재는 방법

엘리게이터의 몸길이는
어떻게 알 수 있을까요?

**사건
속으로**

과학공화국에서는 최근에 개봉된 〈악어맨〉이라는 영화의 성
공으로 악어에 대한 관심이 부쩍 늘어났다. 이런 사실을 재
빨리 간파한 김악 사장은 악어를 이용한 화려한 쇼를 계획하
기로 했다.

김악 사장은 사이언스 시티 외곽에 악어 동물원을 세웠다.
그리고 며칠 후 100여 마리의 아프리카 악어가 동물원에 들
어왔다.

악어는 보통 아프리카 악어인 크로커다일과 이코노 공화국

의 엘리게이터 두 종류가 유명했다. 김악 사장은 악어 전문가를 모집했고, 이코노 공화국에서 엘리게이터 악어를 연구한 에릭 씨가 100여 마리의 악어가 펼치는 세계 최초의 악어 쇼를 맡게 되었다.

고적대의 퍼레이드처럼 음악에 맞춰 악어들이 여러 가지 행렬을 만들게 되는 쇼인데, 이 공연을 위해서는 악어 유니폼을 맞추어야 했다.

에릭 씨는 이코노 공화국 악어 스쿨에서 배운 대로 악어들의 주둥이 끝부터 콧구멍까지의 길이를 인치로 재었다. 그 데이터를 가지고 에릭 씨는 동물 옷 전문 가게인 애니클로딩에 갔다.

"어떤 동물의 옷이 필요합니까?"

점원이 물었다.

"악어요."

에릭 씨가 대답했다.

"몸길이는 재어 가지고 오셨습니까?"

점원의 말에 에릭 씨는 준비해 온 악어의 길이에 대한 자료를 건네주었다. 자료를 들여다보던 점원이 뭔가 이상하다는표정을 짓더니 이렇게 말했다.

"가만…… 무슨 악어들이 이렇게 작죠? 어떤 건 6인치이고 아무리 커 봐야 10인치를 넘지 않는군요. 10인치라면 약 25 센티미터인데, 악어 새끼들인가요?"

점원의 말에 자료를 들여다보던 에릭 씨가 빙긋이 미소를 지으며 말했다.

"아! 제가 피트를 인치로 잘못 썼군요. 수치는 그대로이고 단위를 피트로 해서 옷을 만들어 주세요."

이렇게 악어 100마리의 옷을 주문했다. 그리고 악어 쇼 공연 전날 에릭 씨는 악어 옷을 찾아와 악어들에게 입혔다. 하지만 어떤 옷도 품이 맞는 것이 없었다.

에릭 씨는 애니클로딩이 치수를 잘못 맞춰 옷을 만들었다며 생물법정에 고소했다.

엘리게이터의 경우 주둥이에서 콧구멍까지의 길이를 인치로 잰 다음에
단위를 피트로 바꿔 주면 몸길이가 됩니다. 그러나 크로커다일의 경우는 다릅니다.

왜 에릭 씨는 악어의 전체 몸길이를 재지 않고 주둥이 끝에서 콧구멍까지의 길이만을 쟀을까요? 생물법정에서 알아봅시다.

생물짱 판사

생치 변호사

비오 변호사

원고 측 변론하세요.

이코노 공화국 악어협회의 엘리그 회장을 증인으로 요청합니다.

은발의 50대 후반의 남자가 증인석에 앉았다.

증인이 에릭 씨에게 악어의 몸길이를 재는 방법을 가르쳤죠?

네. 제가 악어스쿨 교수로 있을 때 가르쳤습니다.

어떻게 가르쳤죠?

악어의 주둥이 끝에서 콧구멍까지의 길이를 인치로 잽니다. 그리고 그 숫자에다 단위만 피트로 바꿔 주면 악어의 몸길이가 되지요.

이해가 잘 안 되는군요.

예를 들어 어떤 악어의 주둥이부터 콧구멍까지의 길이가 10인치라면 이 악어의 몸길이는 10피트가 됩니다. 1피트가 약 30센티미터 정도니까 이 악어의 몸길이는 3미터 정도 되지요.

그렇다면 에릭 씨는 제대로 주문한 것이군요. 존경하는 판사님, 에릭 씨는 이코노 공화국에서 배운 이론대로 악어의 몸길이를 재어 애니클로딩의 재단사에게 건넸습니다. 이코노 공화국의 자료에 따르면 이 방식으로 악어의 몸길이를 쟀을 때 오차가 1퍼센트도 안 됩니다. 즉 에릭 씨는 정확한 악어의 몸길이를 적어 준 셈이므로 이번 사건의 책임은 애니클로딩에 있다고 봅니다.

피고 측 변론하세요.

공식이 틀리면 그 공식으로 구한 값은 모두 틀리게 됩니다. 과학공화국 악어연구소의 이크엘 박사를 증인으로 요청합니다.

악어처럼 얼굴이 긴 사내가 증인석에 앉았다.

원고 측 증인의 얘기처럼 악어의 길이를 재는 방법이 맞습니까?

위험한 방법입니다.

왜죠?

그 방법은 이코노 공화국의 악어에만 적용되는 공식입니다.

그럼 다른 종류의 악어도 있나요?

🧑 악어에는 이코노 공화국의 엘리게이터라는 악어와 아프리카의 크로커다일이라는 악어가 있습니다. 이 두 녀석은 모양이 많이 다릅니다. 그리고 주둥이 끝에서 콧구멍까지의 길이를 가지고 몸길이를 재는 공식은 엘리게이터에게는 적용되지만 크로커다일에게는 전혀 맞지 않습니다.

🧑 에릭 씨는 이코노 공화국에서 악어에 대한 공부를 했습니다. 그러므로 그는 엘리게이터에 관해서는 전문가일 것입니다. 하지만 이번에 악어 쇼를 펼칠 예정이었던 악어는 아프리카에서 온 크로커다일이었고 엘리게이터의 몸길이를 재는 공식이 크로커다일에 대해서는 맞지 않았습니다. 결국 이 사건은 에릭 씨가 잘못된 몸길이를 전해 주어 옷이 잘못 만들어진 사건이므로 애니클로딩의 책임은 없다고 봅니다.

🧑 남자 몸의 치수를 재어 여자 옷을 만들면 여자들이 입을 수 없는 옷이 나올 수 있습니다. 이번 사건은 엘리게이터 악어에만 적용되는 생물 공식을 마치 모든 악어에 적용할 수 있을 것이라고 쉽게 생각한 에릭 씨의 책임이 크다고 보여집니다. 하지만 에릭 씨는 이 세상의 악어가 엘리게이터뿐인 줄 알았기 때문에 이런 실수를 한 것으로 생각됩니다. 그러므로 에릭 씨는 과학공화국 악어연구소에서 크로커다일에 대해 좀 더 공부할 것을 권합니다.

재판 후 에릭 씨는 악어연구소에서 크로커다일 악어에 대한
모든 것을 이크엘 박사로부터 배웠다. 그리고 그는 크로커다
일 악어의 몸길이를 재어 다시 애니클로딩에 옷을 의뢰했다.
애니클로딩은 원가만 받고 옷을 만들어 주겠다고 했다. 그리
고 며칠 후 지상 최대의 악어 쇼가 펼쳐졌다.

하이에나 습격 사건

떼로 몰려들어 다른 동물을
죽인 하이에나는 죄가 있을까요?

**사건
속으로**

과학공화국에는 초원 그대로의 상태로 맹수들과 초식 동물
들이 살고 있는 세링 동물원이라는 야생 동물원이 있다. 세
링 동물원에서는 사자, 표범, 치타, 하이에나와 같은 육식 동
물부터 노루, 영양, 얼룩말 같은 초식 동물까지 다양한 동물
들이 야생 상태로 지낸다.

세링 동물원의 관광객들은 사방이 단단한 강철로 막혀 있는
특수 버스를 타고 돌아다니면서 야생 동물들의 생활을 생생
하게 구경할 수 있었다. 그로 인해 세링 동물원의 인기는 과

학공화국뿐 아니라 전 세계에 알려졌다.

세링 동물원은 독특한 방식으로 운영되고 있었다. 그것은 각 육식 동물의 관리를 동물별로 분양하는 방식이었다. 예를 들어 세링 동물원의 모든 사자의 주인은 김사자 씨이고, 하이에나의 주인은 하예나 씨, 치타의 주인은 지이타 씨였다.

이들은 자신의 동물들의 구입부터 관리까지 책임지고 있었고, 관광객들이 관광을 마친 후 각 동물에 대해 내놓는 그날의 동물원 수익금을 나눠 가지는 방식으로 소득을 올렸다.

그러던 어느 날 지이타 씨는 일주일 동안의 치타에 대한 수익금을 챙기기 위해 세링 동물원 사무실로 갔다. 그런데 수령액이 0원이었다. 지이타 씨가 사무실 직원에게 물었다.

"왜 치타에 대한 수익금이 없죠?"

"일주일 전에 치타가 죽었어요."

직원의 말에 지이타 씨는 깜짝 놀라 되물었다.

"왜 죽은 거죠?"

"하이에나 다섯 마리가 치타를 물어 죽였어요. 그래서 이번 일주일 동안 치타에 대한 수익금이 발생하지 않았지요."

지이타 씨는 슬픔에 빠졌다. 그리고 다시 치타를 구입할 비용이 없어 고민하던 차에, 그는 하이에나가 떼로 한 마리의 치타를 공격한 것은 반칙이라며 하이에나의 관리인인 하예나 씨를 생물법정에 고소했다.

하이에나는 협동 생활을 하는 대표적인 육식 동물입니다.
보통 서너 마리가 떼를 지어 사냥을 하지요.

하이에나는 몇 마리씩 모여서 다른 동물을 공격합니다.
5:1로 치타를 공격해 치타를 죽인 하이에나 떼는 죄가 있을까요?
생물법정에서 알아봅시다.

생물짱 판사

생치 변호사

비오 변호사

 원고 측 변론하세요.

 치타는 맹수치고는 그리 강한 동물이 아닙니다. 단지
순간적으로 가장 빠르게 달릴 수 있을 뿐이죠. 그런데 하이에
나가 1:1로 결투해도 이길 수 있는 치타에게 함께 덤벼들어
죽인 행위는 야생 동물의 질서를 어지럽히는 행위이므로 이
는 처벌해야 마땅합니다.

 피고 측 변론하세요.

 야생동물연구소의 우야성 박사를 증인으로 요청합니다.

온몸이 근육질이면서 야성미가 넘치는 건장한 사내가 증인석
에 앉았다.

증인이 하는 일을 설명해 주시겠습니까?

저는 야생 동물들이 사는 방식에 대해 연구를 하고 있
습니다.

모든 동물들이 비슷하게 사는 것 아닌가요?

그렇지 않습니다. 어떤 동물은 무리 지어 사는 습관이
있고 어떤 동물은 혼자 돌아다닙니다.

😮 육식 동물은 강하니까 홀로 돌아다니고 초식 동물은 약하니까 무리 지어 다니지 않나요?

🧑 초식 동물이 육식 동물로부터 자신들을 지키기 위해 떼 지어 다니는 것은 사실입니다. 하지만 육식 동물의 경우에도 떼를 지어 다니는 게 있는가 하면 그렇지 않은 무리도 있습니다.

😮 어떤 육식 동물이 무리 지어 다니죠?

🧑 하이에나가 협동 생활을 하는 대표적인 육식 동물입니다. 보통 서너 마리가 함께 힘을 합쳐 사냥을 하지요. 물론 남이 사냥한 먹이를 가로채기도 하고요.

😮 홀로 생활하는 육식 동물에는 어떤 것이 있죠?

🧑 수사자나 표범, 치타와 같은 동물은 주로 홀로 다니죠.

😮 그럼 하이에나가 야생에서는 아주 강하겠군요. 여러 마리가 모여 다니니까.

🧑 하지만 사자의 덩치 때문에 여러 마리의 하이에나가 사자에게 덤벼들지는 않습니다. 또 반대로 사자도 하이에나 떼를 쉽사리 공격하지 않죠. 표범의 경우 하이에나 떼와의 싸움을 피하고 먹이를 빼앗기지 않으려고 나무 위로 도망갑니다.

😮 그럼 치타는 어떻게 피하죠?

🧑 치타는 1:1로 싸워도 하이에나를 이길 수 없습니다. 하물며 히아에나 떼를 한 마리의 치타가 당할 순 없지요. 하지만 치타는 최고의 달리기 선수입니다. 그러니까 치타는 먹

이를 하이에나 떼에게 빼앗기는 한이 있어도 일단 도망을 쳐야겠죠. 그러면 하이에나의 속도로는 절대 치타를 잡을 수 없습니다.

😳 그럼 이번 사건은 충분히 빠른 스피드로 하이에나 떼를 피할 수 있는 치타가, 자신이 잡은 먹이를 빼앗기지 않으려다가 도망치지 못하고 하이에나 떼의 공격을 받은 것이군요.

🧔 그렇게 볼 수 있습니다.

😳 존경하는 판사님, 증인이 얘기한 대로 동물들이 협동 생활을 하느냐 단독 생활을 하느냐는 동물에 따라 다릅니다. 그런 문제보다는 치타가 분명히 하이에나를 피할 수 있는 빠른 발을 가지고도 스스로 피하지 않아 하이에나 떼에게 목숨을 잃은 만큼 하이에나 측의 책임은 없다고 봅니다.

👴 『손자병법』에도 모든 작전을 써도 안 되면 그때 마지막은 삼십육계 줄행랑이라고 했습니다. 도망치는 치타를 잡을 수 있는 네 발 달린 동물은 없습니다. 그런데 치타가 그 빠른 발로 하이에나 떼로부터 도망치지 않았다면 치타가 하이에나와 1:5의 불리한 결투를 할 의지가 있었다고 해석됩니다. 그러므로 피고 측의 무죄를 판결합니다.

아리송한 북극곰

북극곰의 피부 색깔은 어떤 색일까요?

과학공화국 북쪽에 과학공화국의 식민지로 백인과 흑인이
사이좋게 살고 있는 에보니 아이보리 공화국이 있다. 이들은
피부색이 다름에도 서로 도와 가며 주로 농사나 사냥을 하면
서 지냈다.

그런데 최근 대통령 선거에서 흑인 후보와 백인 후보가 지나
친 경쟁을 벌이는 통에 각 후보를 지지하는 백인과 흑인들
간에 사이가 나빠졌다. 우여곡절 끝에 백인 후보인 화이트삭
스가 대통령에 뽑혔지만 흑인 측에서는 부정 선거였다며 재

선거를 요구했다. 하지만 흑인들의 요구는 백인들에 의해 받아들여지지 않았고 결국 두 인종 사이의 감정의 골은 더욱 깊어졌다.

결국 흑인들은 따로 에보니 구역을 선포했고 백인들이 사는 지역은 저절로 아이보리 구역이 되었다. 이 두 구역은 상호 불가침 협정을 맺고 중요한 안건은 과학공화국에서 파견된 전직 관료들로 구성된 흑백협의체에서 처리하기로 하였다.

이렇게 나뉜 후에도 두 구역 사람들은 사이가 좋지 않았다. 흑인들은 피부가 하얀 동물을 모두 추방했고 백인들 역시 피부가 검은 동물을 모두 추방했다.

그래서 에보니 구역의 동물원에는 흑염소, 흑곰과 같이 피부가 검은 동물들만 있고, 아이보리 구역에는 양, 염소, 토끼와 같이 피부가 하얀 동물들만 전시되었다.

세계의 관광객들은 이런 독특한 동물원을 보기 위해 에보니 아이보리 공화국으로 몰려들었고, 두 구역은 뜻하지 않은 관광 수입으로 짭짤한 재미를 볼 수 있었다.

그러자 북극공화국에서 북극곰을 사육하는 김북곰 씨는 자신이 사육한 북극곰 중 재롱을 잘 부리는 두 마리를 에보니 아이보리 공화국에 팔았다. 흑백협의체는 북극곰이 흰색이므로 북극곰을 아이보리 구역의 동물원으로 보냈다.

이 곰들이 부리는 재롱이 너무 귀여워서 북극곰 자매는 세계적으로 유명해졌다. 이로 인해 관광객들은 아이보리 구역으로 몰려들었다.

북극곰 때문에 갑자기 관광 수익이 줄어든 에보니 구역 사람들은 북극곰이 진짜로 흰색인지 아니면 염색을 한 것인지를 밝혀 달라는 진정서를 흑백협의체에 냈고, 이 사건은 생물법정으로 넘어가게 되었다.

북극곰은 흰색 동물의 대명사입니다. 하지만 북극곰이
강한 추위를 견디는 비결은 털 때문만이 아니라 검은 피부색 때문이기도 합니다.

하얀 털로 덮여 있는 북극곰의 피부색은 과연 하얄까요? 생물법정에서 알아봅시다.

생물짱 판사

생치 변호사

비오 변호사

🙎 피고 측 변론하세요.

🙍 북극곰이 흰색이라는 것은 어린아이도 아는 사실입니다. 에보니 구역과 아이보리 구역이 자치 구역으로 갈라지면서 두 구역은 분명히 흰 동물은 아이보리 동물원으로, 검은 동물은 에보니 동물원으로 보내기로 협정을 맺었습니다. 그러므로 흑백협의체가 북극곰을 아이보리 동물원으로 넘긴 것은 협정에 따른 당연한 결정이고 이로 인해 아이보리 동물원이 인기가 높아진 것도 에보니 구역이 따질 수 있는 상황이 아니라는 것이 본 변호사의 주장입니다.

🙎 원고 측 변론하세요.

🙂 북극곰 판매 상인인 김북곰 씨를 증인으로 요청합니다.

커다란 털 코트를 걸친 사내가 증인석에 앉았다.

🙂 북극곰은 매우 추운 곳에서 살지요?

🙂 물론입니다. 북극은 영하 수십 도가 넘는 아주 추운 지역입니다. 북극곰은 물론 거기서 살고 있고요.

🙂 그런데 어떻게 북극곰이 그 추위를 견딜까요?

아마도 피부가 털로 덮여 있어서 그럴 겁니다.

털만 가지고 체온을 유지할 수 있을까요? 판사님, 두 번째 증인으로 기후동물연구소의 김생온 박사를 요청합니다.

김생온 박사가 증인석에 앉았다.

증인은 기후와 동물의 모양의 관계에 대한 연구의 권위자이십니다.

남들이 그렇게 불러 주더군요.

사람은 추울 때 검은 옷을 입는데 왜 그렇게 추운 지방에 사는 북극곰의 피부가 흰색인 거죠?

엥. 누가 북극곰의 피부를 흰색이라고 하던가요?

흰색이 아닙니까?

북극곰의 피부색은 검정입니다.

어떻게 확인하죠?

김생온 박사는 준비해 온 동영상 화면을 틀었다. 잠자고 있는 북극곰의 털 속을 뒤져 보니 검은색 피부가 선명하게 보였다.

하하. 게임이 끝났군요. 이 재판은 이긴 겁니다. 그런데 왜 우리는 겨울에 검은 옷을 입고, 추운 데 사는 동물의 피부색은 검은 거죠?

검은색이 햇빛을 잘 흡수하기 때문입니다. 반대로 흰색은 빛을 잘 반사시키죠. 그러니까 추운 곳에서는 검은 피부라야 햇빛을 잘 흡수해서 동물의 체온이 내려가지 않고 일정하게 유지될 수 있는 거죠.

판사님, 보시다시피 북극곰의 피부는 검정색입니다. 그러니까 이 동물은 당연히 에보니 구역의 동물원에 있어야 합니다. 긴 말이 필요 없군요. 판사님의 명쾌한 판결을 기대합니다.

피부와 털의 색깔이 다르군요. 물론 북극곰의 털을 다 깎으면 검은 동물이 되겠지만 털 없는 북극곰은 상상할 수 없는 일입니다. 그러므로 털이 있는 상태에서 북극곰의 색도 인정되어야 할 것입니다. 그러므로 북극곰을 일주일은 에보니 구역에서 다음 일주일은 아이보리 구역에서 맡는 것으로 판결합니다.

예상과는 다른 중립적인 판결이 나왔다. 에보니 구역에서는 이 판결을 이해할 수 없는 판결로 여겼지만 생물법정이 단심제이기 때문에 더 이상 어쩔 수 없었다. 그리하여 판결대로 북극곰은 에보니 구역과 아이보리 구역에서 일주일씩 살게 되었다. 그래서 일주일 동안은 에보니 구역의 관광 수입이 많아졌고, 다음 일주일 동안은 아이보리 구역의 수입이 높았다. 사람들의 소득이 오르자 그동안의 갈등도 사라지고 두 구역 은 다시 화해하게 되었다. 그리고 다시 에보니 아이보리 공화 국에는 평화가 왔다.

야생 동물 이야기

　야생 동물들의 눈은 밤에 왜 반짝일까요? 눈의 구조는 사진기의 구조와 비슷합니다. 안구는 외형상 원형을 띠고 있으며, 한쪽에 렌즈 역할을 하는 수정체가 있습니다. 수정체 부분을 우리는 눈동자라고 부르지요. 수정체의 바깥 부분에는 홍채가 있어서 들어오는 빛의 양을 조절합니다. 수정체를 지난 빛은 젤리 상태로 안구에 차 있는 물질을 지나 망막에 도달하게 됩니다.

　야생 동물들은 밤에 빛을 받으면 눈이 밝게 빛나는 것을 볼 수 있는데, 이것은 흡수되지 않고 그냥 지나친 빛이 눈 안에서 다시 반사되어 나오기 때문입니다. 따라서 빛을 재흡수할 수 있어서 빛이 약한 밤에도 충분한 시력을 가질 수 있는 것이죠.

라이거 이야기

　사자 수컷과 호랑이 암컷 사이에서 태어난 새끼를 라이거라고 부릅니다. 반면에 호랑이 수컷과 사자 암컷 사이에서 태어난 새끼를 타이온이라고 부릅니다.

　우리는 흔히 라이거는 볼 수 있는데 타이온은 보기 힘듭니다. 그 이유는 무엇일까요? 호랑이 암컷은 사자 수컷에게 큰 거부감이 없습니다. 사자도 호랑이 암컷에게 커다란 거부감이 없지요. 사실 호랑이 수컷도 사자 암컷에게 그리 커다란 거부감은 없지만, 문제는 사자 암컷이 호랑이 수컷에게 엄청난 거부감을 보인다는 사실입니다. 그래서 사자 암컷은 호랑이 수컷을 만나면 싸우려고만 합니다. 그러니까 타이온이 잘 안 태어나는 것입니다.

암호랑이는 수사자에게 큰 거부감이 없기 때문에
타이온과 달리 라이거는 흔히 볼 수 있습니다.

동물의 속력

동물들은 먹이를 얻기 위해 또는 적으로부터 도망치기 위해 빠르게 움직입니다. 과연 동물들은 어느 정도의 속력을 낼 수 있을까요?

동물 중에서 가장 빠른 것은 역시 새입니다. 새 중에서도 가장 빠른 것은 매입니다. 매는 먹이를 낚아챌 때 시속 200킬로미터 이상의 속도를 낸다고 합니다.

육상 동물 중에서 가장 빠른 것은 단연 치타입니다. 치타의 최고 속도가 시속 110킬로미터 정도니까 엄청 빠르지요. 물속에서는 청새치라는 물고기가 가장 빠릅니다. 청새치는 시속 150킬로미터 정도의 속도를 낼 수 있습니다.

개와 고양이는 어느 것이 더 빠를까요? 빠른 개는 시속 60킬로미터를 넘고 고양이는 보통 시속 50킬로미터 정도이므로 개가 고양이보다 빠르다고 할 수 있습니다.

그럼 느린 동물들의 속도는 어느 정도일까요? 느린 동물의 대명사인 거북은 한 시간에 300미터 정도를 움직일 수 있습니다.

하지만 더 느린 동물로는 달팽이가 있지요. 달팽이는 한 시간에 50미터도 채 못 간답니다.

미생물 관련 사건

버섯 전쟁

버섯은 세균이나 바이러스 같은
미생물일까요?

**사건
속으로**

최근 과학공화국에서는 생물학의 인기가 다른 자연과학에
비해 높아졌다. 생물학이 사람들의 건강과 관련된 정보를 줄
수 있고, 생물은 사람이 사는 주위에서 흔히 볼 수 있기 때문
이다.

다루는 생물의 종류가 너무 많아지자 대학의 생물학회는 커
다란 생물을 다루는 거생물학회와 세균이나 박테리아처럼
현미경을 통해서나 겨우 볼 수 있는 작은 생물을 다루는 미
생물학회로 나누어졌다.

그런데 최근 두 학회 사이에 갈등이 생겼다. 웰빙 붐을 타고 사람들의 건강에 아주 좋은 것으로 소문난 버섯을 둘러싼 분쟁이었다.

특히 상황버섯이나 송이버섯이 암을 예방하는 데 효과가 있다는 연구 결과가 발표되고 나서는 버섯을 먹으려는 웰빙족들이 급속하게 증가하기 시작했다.

과학공화국에서 생물을 식품이나 의약품으로 이용할 때는 생물학회의 심사를 받아야 하는데, 최근에 버섯 가공식품이 증가하면서 버섯의 심사를 거생물학회가 담당해야 하는지 미생물학회가 담당해야 하는지를 결정해야 하는 문제가 생겼다.

사이언스 시티에서 신제품 상황버섯 푸드를 최초로 개발한 이포자 씨는 이 제품을 판매하기 위해 생물학회에 심사를 의뢰하고자 했다.

이포자 씨는 버섯이 현미경 없이 누구나 눈으로 볼 수 있을 정도로 컸기 때문에 심사를 거생물학회에 의뢰했다. 거생물학회는 이포자 씨의 상황버섯 푸드를 비롯한 많은 버섯 가공식품의 심사비로 톡톡히 재미를 볼 수 있었고, 그것들은 학회원들의 연구비를 인상하는 데 쓰였다.

그러던 차에 미생물학회의 김균류 교수가 버섯은 균류이고 모든 균류는 미생물이므로 버섯 역시 미생물이라고 주장했

현미경으로 보아야 하는 생물을 미생물, 눈으로 볼 수 있는 생물을
거생물이라고 합니다. 하지만 버섯은 눈으로 볼 수 있는 미생물입니다.

다. 이 주장은 거생물학회 사람들에게도 전달되었고, 결국 미생물학회와 거생물학회는 버섯 분쟁에 휘말리게 되었다. 그리고 이 사건은 미생물학회의 고소로 생물법정에서 다루어지게 되었다.

여기는 생물법정

현미경 없이 볼 수 있으면 미생물이 아닌가요? 과연 미생물의 정의는 무엇일까요? 생물법정에서 알아봅시다.

생물짱 판사

생치 변호사

비오 변호사

 피고 측 변론하세요.

 미생물의 미(微)는 '미세(微細)하다' 라는 표현에서 알 수 있듯이 '작다' 는 뜻이고, 거생물의 거(巨)는 '거인(巨人)'에서 알 수 있듯이 '크다' 라는 뜻입니다. 박테리아나 진드기와 같은 아주 작은 생물을 보기 위해서는 현미경을 사용합니다. 하지만 버섯을 보기 위해 현미경을 사용하는 사람은 아무도 없습니다. 그러므로 우리는 현미경으로 보아야 하는 생물은 미생물, 눈으로 볼 수 있는 생물은 거생물로 나눌 수 있다고 생각합니다. 따라서 버섯을 거생물학회에서 취급하는 것은 당연하다는 것이 본 변호사의 생각입니다.

원고 측 변론하세요.

박미니 박사를 증인으로 요청합니다.

초미니스커트를 입은 30대의 지적인 인상을 풍기는 여성이
증인석에 앉았다.

🙂 증인이 하는 일을 간단히 말씀해 주세요.

😮 현재 미생물학회를 맡고 있습니다.

🙂 회장님이시군요. 그런데 미생물이라는 게 뭡니까?

😮 미생물은 미세한 생명체를 말합니다.

🙂 그럼 버섯은 크니까 미생물이 아닌가요?

😮 그렇지 않습니다. 미생물을 크게 세 가지로 바이러스,
세균, 균류로 나눌 수 있습니다. 바이러스는 단백질과 DNA,
또는 RNA로 이루어진 아주 작은 미생물이고, 세균은 원핵
생물에 속하고 균류는 세포벽을 가지고 있는 진핵생물입니
다. 그리고 버섯은 진균류에 속하는 미생물입니다.

🙂 버섯은 동물인가요, 식물인가요?

😮 균류는 식물로 분류되므로 버섯은 식물이라고 얘기해
야 할 것입니다.

🙂 균류에 대해 좀 더 자세히 얘기해 주시겠습니까?

😮 만일 균류가 없었다면 지구는 무지무지 지저분해졌을
것입니다.

🙂 그건 왜죠?

😮 균류는 죽은 생물체, 심지어 플라스틱까지 분해하는 일

을 하고 있습니다. 죽은 생물체 속에는 탄소 화합물이 들어 있습니다. 균류가 탄소 화합물을 분해하여 살아 있는 생물들이 사용할 수 있게 하지요.

버섯도 죽은 나무로부터 영양분을 흡수하며 살아가니까 균류군요.

그렇습니다. 대부분의 균류는 스스로 살아갈 수 있는 독립 생물이 아니라 다른 생물에 붙어 그 생물의 영양분을 흡수하여 살아가는 기생식물입니다.

존경하는 판사님, 증인이 얘기했듯이 버섯은 균류입니다. 그리고 모든 균류는 미생물에 속합니다. 그러므로 버섯이 미생물이라는 것은 명백합니다. 그러므로 버섯에 대한 권한은 미생물학회가 가지는 것이 당연하다고 주장합니다.

판결합니다. 눈에 보이는 크기만으로 그것이 '미생물이다, 거생물이다' 라고 판정할 수는 없습니다. 바이러스, 세균, 균류 등이 미생물에 포함되므로 버섯처럼 커다란 균류 역시 그 크기를 고려할 필요 없이 미생물이라고 해야 할 것입니다. 따라서 앞으로 버섯 가공식품의 심사는 미생물학회에서 취급하는 것으로 판결합니다.

재판 후 거생물학회에는 초비상이 걸렸다. 하지만 어쩔 수 없이 버섯 식품의 심사를 미생물학회에 넘기게 되었다. 그

후로 미생물학회는 어떤 학회보다도 예산이 많은 학회가 되었다.

바이러스 잡는 깔끔이?

진공청소기로 바이러스를
잡을 수 있을까요?

**사건
속으로**

최근 과학공화국 사이픽 채널에서 매주 방송되는 '비타스'라
는 프로그램이 40대들 사이에서 큰 인기를 끌고 있다. 인기
연예인들이 나와서 여러 가지 질병에 관한 퀴즈 문제를 푸는
형식의 교양 프로그램인데, 최근 40대 성인병이 많이 증가하
고 있어서 교양 프로그램치고는 아주 높은 시청률을 올리고
있었다.

최근 40대들 사이에서 가장 흔하게 볼 수 있는 질환은 몸이
가려운 피부 질환이다. 따라서 비타스에서는 피부 질환에 대

해서 특집 방송을 했다.

과학공화국에서 피부 질환의 최고 권위자인 피부니 박사가 특별 출연했다. 그때 사회자가 피부니 박사에게 물었다.

"저도 좀 그런 편인데, 특별히 아프지는 않은데 여기저기가 간지러운 이유는 뭐죠?"

"아마 바이러스에 의한 피부병의 일종이라고 생각됩니다. 그러니까 바이러스를 옮기지 않게 하는 것이 무엇보다도 중요합니다."

이 방송은 많은 사람들이 시청했다. 그리고 이 방송을 광고에 이용한 회사가 있었는데 진공청소기를 판매하는 깔끔 주식회사였다. 깔끔 주식회사는 신제품 깔끔손을 광고하면서 다음과 같은 광고 문구를 선보였다.

바이러스 끝! 이제 깔끔손으로 완벽하게 없애세요.

비타스의 방송 이후 나간 깔끔손의 광고는 엄청난 파장을 일으켰다. 깔끔손 주문이 쇄도하기 시작한 것이다.

깔끔손이 진공청소기 업계를 평정하자 기존의 진공청소기 업계는 제품이 팔리지 않아 대책 회의를 했다. 그리고 깔끔손의 광고가 과대광고라며 깔끔 주식회사를 생물법정에 고소했다.

바이러스와 세균은 여러 면에서 다릅니다. 우선 크기가 다르지요.
세균은 광학 현미경으로도 볼 수 있지만 바이러스는 전자 현미경으로만 볼 수 있습니다.

깔끔손은 과연 바이러스를 모두 잡을 수 있을까요? 바이러스는 도 대체 얼마나 작을까요? 생물법정에서 알아봅시다.

생물짱 판사

생치 변호사

비오 변호사

🙂 재판을 시작합니다. 피고 측 변론하세요.

😠 진공청소기는 주변에 있는 모든 것을 빨아들이는 능력을 가지고 있습니다. 그러므로 진공청소기 깔끔손을 틀면 공기 중에 돌아다니는 바이러스도 청소기 안으로 빨려 들어가게 될 것입니다. 그러므로 깔끔손의 광고는 과대광고가 아니라는 것이 본 변호사의 생각입니다.

🙂 원고 측 변론하세요.

😮 비루스 연구소의 박세균 박사를 증인으로 요청합니다.

지저분한 외모의 40대 남자가 증인석에 앉았다.

😮 비루스 연구소는 무엇을 하는 곳이죠?

😠 바이러스와 세균을 연구하는 곳입니다.

😮 바이러스와 세균의 차이는 무엇이죠?

😠 우선 크기에서 차이가 납니다.

😮 어느 것이 큰가요?

😠 세균이 훨씬 큽니다. 세균은 흔히 학교에서 볼 수 있는

광학 현미경으로도 관찰할 수 있을 정도로 큽니다. 하지만 바이러스는 아주 작은 것을 볼 수 있는 전자 현미경을 통해서만 볼 수 있을 정도로 아주 작습니다.

🧑 또 다른 차이는 없습니까?

🧑 바이러스가 세균보다 한 단계 아래입니다. 그러니까 좀 더 원시적인 생물이라고 할 수 있죠.

🧑 좀 더 구체적으로 말씀해 주시겠습니까?

🧑 바이러스와 세균은 그 형성 기관이나 증식 상태 등에도 차이가 있습니다. 세균은 핵과 여러 가지 작은 기관들을 갖추고 체세포 분열처럼 핵을 증식시키고 분리시켜 그 수를 늘려 가는 데 비하여, 바이러스는 유전자 정보인 RNA 혹은 DNA만 가지고 있습니다.

그러니까 바이러스는 다른 생물의 세포 속으로 들어가서 자신이 할 수 없는 단백질 형성을 대행시키면서 그 수를 확장시킵니다. 그리고 그 세포가 터지면서 새로운 바이러스 개체들이 퍼져 나가는 일이 반복됩니다. 좀 더 이해하기 쉽게 비유하자면, 자체적으로 단백질을 만들어 내는 공장을 가지고 새로운 개체를 생성하는 세균과 달리 바이러스는 틀만 가지고 남의 공장에 침입해 자신에게 필요한 것을 만들어 낸다고 생각하시면 됩니다.

🧑 그런 차이가 있었군요. 그럼 진공청소기로 바이러스를

잡을 수 있습니까?

😠 불가능합니다.

😑 왜죠?

😠 진공청소기는 한번 빨려 들어간 것은 못 빠져나오게 하는 주머니가 있습니다. 그 주머니가 완전히 막힌 것처럼 보이지만 사실은 아주 작은 틈이 있습니다. 바이러스는 너무 작아서 그 틈을 통해 얼마든지 들락날락할 수 있습니다. 그러므로 바이러스를 진공청소기로 빨아들였다고 말할 수 없습니다.

😎 우리는 오늘 재판에서 바이러스와 세균의 차이에 대해 알았습니다. 그리고 바이러스가 세균보다 훨씬 작은 미생물이기 때문에 진공청소기로도 잡아 둘 수 없다는 것을 알게 되었습니다. 그러므로 깔끔손의 광고는 과대광고이므로 시정되어야 한다고 생각합니다.

😄 판결합니다. 실제 있지도 않은 능력을 있다고 광고하는 것을 과대광고라고 합니다. 깔끔손이 바이러스를 없앨 수 없음에도 완벽하게 없앤다고 광고했으므로 깔끔손의 광고를 과대광고로 판결합니다.

재판 후 깔끔손의 광고는 더 이상 볼 수 없게 되었다. 그리고 과대광고로 소비자를 우롱한 꼴이 되어 버린 깔끔 주식회사는 다른 진공청소기 회사들과의 경쟁에서 앞설 수 없었

고, 그로 인해 매출이 점점 줄어들어 결국 회사 문을 닫게
되었다.

미생물 이야기

적어도 35억 년 동안 지구상 생물의 진화를 주도해 온 미생물들은 수심 1000미터 이상의 바다 밑바닥에서부터 흰개미의 소화관까지 모든 생태계에 퍼져 있고, 이 중에서 현재의 기술로 배양할 수 있는 것은 약 1퍼센트에 불과합니다.

대개 눈으로는 볼 수 없는 이 미생물들은 아주 오래전부터 자연계의 거의 모든 곳에 존재하면서 오늘날의 지구를 만드는 데 큰 역할을 해 왔습니다. 어느 날 갑자기 모든 미생물이 사라진다면 지구상의 모든 생물들은 사라지게 될 것입니다.

미생물은 이름 그대로 눈으로는 잘 보이지 않아 현미경을 통해서 볼 수 있는 아주 작은 생물입니다. 하지만 세균(박테리아), 원생동물, 곰팡이, 조류, 바이러스 중에는 눈으로 볼 수 있는 것들도 많이 있습니다. 예를 들어 물고기의 장에서 사는 세균은 길이가 1밀리미터 정도이므로 눈으로도 볼 수 있습니다.

그렇다면 미생물은 왜 중요할까요? 지구를 다른 모든 생물들이 생존할 수 있는 터전으로 만드는 것이 바로 이 미생물들이기 때문입니다. 일반적으로 식물들이 광합성에 의해 양분을 만들고 산소를 발생시킵니다. 지구 최초의 식물이 나타나기 10억 년 전에 광합성의 부산물로 산소를 처음 생산한 것은 남조류의 일종인 원시 미생물이었습니다. 그 후 35억 년에 걸쳐서 진화를 거듭하면서 미생물들은 현재의 식물, 동물, 그리고 인간이 사는 환경을 만들었습니다.

김치, 치즈, 빵, 맥주 같은 식품들의 생산에는 모두 미생물을 이용합니다. 또한 생활 하수나 산업 폐기물을 처리하는 데에도 미생물을 이용합니다.

미생물을 이용해 음식을 만들기도 하고,
생활 하수나 산업 폐기물을 처리하기도 합니다.

사람과 가장 친한 미생물

사람은 100조 개의 세포로 이루어져 있습니다. 그리고 우리 몸에 살고 있는 미생물의 수는 이것의 10배인 1000조 개 정도입니다. 이들 미생물 대부분은 고맙게도 인간이 다른 세균들을 방어할 수 있는 능력을 갖게 합니다. 이렇게 어마어마한 수의 미생물이 사람 체내에 있다는 사실이 안 믿어지죠? 하지만 이들이 없다면 우리는 일주일도 견디지 못할 것입니다.

피부에 존재하는 미생물은 세균과 곰팡이가 대부분이며 인간의 체액에서 수분과 양분을 얻습니다. 등 쪽의 건조한 피부는 마치 사막과 같아서 미생물이 적게 살고, 겨드랑이 쪽은 열대림 지역처럼 미생물들이 많이 모여 삽니다. 이곳에 존재하는 미생물은 600~700종류에 이릅니다.

미생물과 사람의 관계는 매우 공조적입니다. 우리는 미생물에게 살 수 있는 곳과 양분을 제공하고, 미생물은 우리를 보호하고 유익한 영양분을 공급해 줍니다. 따라서 사람은 항상 수많은 미생물을 몸에 지닌 채 진화하고 있습니다.

식물 사건

난초의 죽음

어둠 속에서 난초는 살 수 있을까요?

과학공화국 동부의 게놈 시는 생명과학의 메카다. 최근 생명
과학 산업의 발전과 더불어 이 도시에 전 세계 사람들의 이목
이 집중되고 있다.

게놈 시에는 수십여 개의 바이오 벤처들이 모여 있어 바이오
밸리라고 불렸다. 이 도시의 생명과학을 발전시키는 데 크게
기여한 곳은 게놈 시의 디엔에이 생명과학 대학이었다.

디엔에이 대학에는 생물학과, 미생물학과, 유전공학과와 같
은 생명과 관련된 학과들만 있었다. 비록 많은 학과가 있는

종합 대학은 아니지만 과학공화국의 생물학 수재들은 모두 이 대학에 모여 있었다.

그런데 최근 이 대학 생물학과 교수들 사이에 갈등이 생겼다. 디엔에이 대학의 생물학과의 교수는 모두 스무 명이다. 생물은 크게 동물과 식물로 나뉘는데 교수 중 절반은 동물 전공이고 나머지 절반은 식물 전공이었다.

그런데 생물학과에서 한 명의 교수를 더 뽑기로 결정하였다. 거기까지는 모든 교수들이 동의했는데, 동물과 식물 중 어떤 분야를 뽑아야 하는지에 대해서 동물 전공 교수와 식물 전공 교수들 사이에 마찰이 생긴 것이었다.

동물 전공 교수들은 한 명이라도 동물 전공 교수가 더 많기를 바랐고, 그런 마음은 식물 전공 교수들도 마찬가지였다. 이렇게 두 전공의 교수들이 팽팽한 대립을 보이기 시작했는데, 각 전공의 수장으로 가장 나이가 많은 두 교수의 대립이 제일 심했다.

동물 전공의 이동물 교수와 식물 전공의 감식물 교수는 평소에도 그리 친한 편이 아니었지만, 이번 사건으로 두 사람은 만나기만 하면 서로 얼굴을 붉힐 정도로 사이가 나빠졌다.

그러던 중 큰 사건이 벌어졌다. 감식물 교수와 학과 회의에서 크게 다툰 이동물 교수가 과 연구실에 놓여 있던 난초 화분들을 모두 유리창이 없는 지하 암실에 처박아 둔 것이었다.

며칠 후 감식물 교수는 실험을 하기 위해 연구실에 놓아 둔 난초 화분을 찾았다. 하지만 난초는 보이지 않았고, 암실에서 그동안 정성을 들여 키워 온 난초들이 모두 죽은 상태로 발견되었다.

이에 분개한 감식물 교수는 이동물 교수가 난초들을 다 죽였다며 이동물 교수를 생물법정에 고소했다.

식물은 광합성을 통해 식물의 영양분인 포도당을 만들고 산소를 배출합니다.
광합성을 하는 데에는 빛, 물, 이산화탄소가 필요합니다.

난초를 암실 속에 놔두면 죽는 이유는 무엇일까요? 식물이 살기 위한 필수적인 조건은 무엇일까요? 생물법정에서 알아봅시다.

생물짱 판사

생치 변호사

비오 변호사

🙂 피고 측 변론하세요.

😠 사람도 어둠 속에서 며칠 견딜 수 있습니다. 실제로 범죄자는 빛이 들어오지 않는 독방에 며칠씩 감금되기도 하니까요. 그렇다면 난초가 며칠 동안 빛을 쬐지 못해서 죽어 버렸다는 원고 측의 주장은 터무니없다고 생각합니다. 그것보다는 그동안 감식물 교수가 난초의 관리를 제대로 하지 않아 난초들이 죽었다고 보는 것이 더 자연스럽다고 생각합니다. 그러므로 피고 측은 난초의 죽음에 대해 아무 책임이 없다고 생각합니다.

🙂 원고 측 변론하세요.

😮 이광식 박사를 증인으로 요청합니다.

이광식 박사가 증인석에 앉았다.

😮 증인이 하는 일을 간략하게 소개해 주시겠습니까?

😀 저는 바이오밸리에서 식물의 광합성을 연구하고 있습니다.

😮 광합성? 그게 뭐죠?

🌀 식물의 식사 원리입니다.

😮 그게 무슨 말이죠?

🌀 사람이 밥을 먹으면 몸속에 있는 많은 효소들이 음식물을 작게 분해하여 피를 통해 온몸에 영양분을 공급하죠. 그리고 불필요한 것은 소변이나 대변을 통해 배출합니다.

😮 그건 누구나 알고 있는 사실 아닙니까?

🌀 물론이죠. 하지만 식물은 사람이나 동물처럼 위가 없고 피도 흐르지 않는데 어떻게 영양분을 섭취할까요?

😮 글쎄요?

🌀 그게 바로 광합성입니다.

😮 좀 더 자세히 말씀해 주시겠습니까?

🌀 사람은 산소를 마시지만 식물은 이산화탄소를 마십니다.

😮 어디로 마시죠? 입이 없는데.

🌀 식물은 잎에 기공이라는 구멍이 있어서 이 구멍을 통해 이산화탄소를 마십니다. 이것과 뿌리에서 빨아들인 물이 작용하여 식물의 영양분인 포도당을 만들고 산소를 배출합니다.

😮 그렇다면 난초 화분을 암실에 놔두어도 물을 자주 주면 이산화탄소를 받아들여 포도당을 만들 수 있지 않나요?

🌀 이산화탄소와 물이 포도당을 만들기 위해 결정적으로

필요한 것이 있습니다.

그게 뭐죠?

바로 빛입니다. 빛이 없으면 물과 이산화탄소가 있어도 포도당을 만들 수 없습니다. 그래서 빛이 영양분을 합성시켜 준다는 뜻에서 광합성이라고 부르는 것입니다.

암실에 빛이 없어서 난초가 영양분인 포도당을 만들지 못했군요.

그렇습니다.

식물은 빛이 없으면 영양분을 만들 수 없다는 것을 이 재판을 통해 알게 되었습니다. 그러므로 이동물 교수의 행위는 감식물 교수가 그동안 애지중지하며 키운 난초들의 귀중한 생명을 빼앗은 행위입니다. 생명은 인간이나 동물에게만 있는 것이 아닙니다. 발이 없어 장소를 이동할 수 없는 식물의 생명도 함부로 다루어질 수는 없습니다. 그러므로 난초들의 죽음에 대해 이동물 교수가 책임을 져야 할 것입니다.

정말 치졸한 사건이군요. 개인적인 감정 때문에 불쌍한 식물을 죽게 하다니……. 아무튼 이번 사건에 대해 이동물 교수는 감식물 교수에게 정중하게 사과하고 감식물 교수가 입은 물질적, 정신적 피해를 보상하는 것으로 판결을 마치겠습니다.

재판이 끝난 후 이동물 교수는 자신의 잘못을 깊이 반성하고 감식물 교수가 다시 난초 연구를 할 수 있게 해 주었다. 이후 디엔에이 대학의 생물학과에서는 교수를 뽑을 때 반드시 두 명씩 뽑게 되었다. 물론 한 명은 동물 전공이고 다른 한 명은 식물 전공이다.

놀이동산과 쌀농사

놀이동산 옆 논의 쌀 수확량이
줄어들었다면 누구의 잘못일까요?

**사건
속으로**

과학공화국 서남부의 라이스 마을은 과학공화국에서 가장
맛있는 쌀이 생산되는 곳이다. 이곳의 쌀로 밥을 지으면 피
부가 좋아진다는 소문까지 나돌 정도로 라이스 마을의 쌀은
인기가 좋았다. 라이스 마을은 수십 년째 홍수나 가뭄으로
고생한 적이 없고 주위에 공장이나 큰 도시가 없는 등 최적
의 쌀농사를 지을 조건을 갖추고 있었다. 라이스 마을 사람
들은 비료를 쓰지 않는 천연 유기 농법으로 쌀을 재배했다.
더욱이 이 마을의 논에는 해충이 거의 없어 해충으로 인한 피해도 입지 않았다.

그래서 라이스 마을 사람들은 다른 곳보다 더 비싼 값에 쌀을 팔 수 있었고 마을 사람들의 벼농사에 대한 사랑은 다른 곳과는 비교도 할 수 없을 만큼 컸다.

그런데 최근 라이스 마을 옆에 거대한 놀이동산 라이스월드가 지어졌다. 라이스월드는 세계 최대의 규모로 이코미 공화국에 있는 디즈니랜드보다 열 배나 컸다.

라이스 마을 사람들은 처음에 놀이동산이 쌀농사에 큰 영향을 끼치지 않을 거라고 생각했다. 그러나 그들의 예상은 빗나갔다. 라이스월드는 24시간 동안 개장되는 곳이었다. 라이스월드의 화려한 조명 때문에 라이스 마을은 밤과 낮을 구분할 수 없을 정도로 밤에도 낮처럼 환했다. 그리고 놀이기구를 타는 사람들이 질러 대는 비명 소리 때문에 라이스 마을 사람들은 편안하게 잠을 이루기도 힘들었다. 하지만 이런 모든 것들도 쌀농사에 영향을 주지는 않을 것이라는 생각에 그들은 참을 수 있었다.

그런데 그해 가을, 벼의 수확량이 눈에 띄게 줄어들었다. 그리고 추수한 쌀 알갱이의 크기도 전에 비해 훨씬 작았다. 이제 라이스 마을의 쌀은 더 이상 최상의 품질이 아니었다.

이제 쌀농사로 올리는 소득이 크게 줄어든 라이스 마을 사람들은 이것이 라이스월드 때문이라며 라이스월드를 생물법정에 고소했다.

벼의 수확량은 일조량과 깊은 관계를 갖고 있습니다.
가을이 되어 해가 짧아져야 벼는 열매인 쌀을 맺을 수 있습니다.

놀이동산 때문에 쌀농사를 망치기도 할까요? 놀이동산의 어떤 점이 쌀의 수확량을 줄어들게 하나요? 생물법정에서 알아봅시다.

생물짱 판사

생치 변호사

비오 변호사

🗣 피고 측 변론하세요.

🗣 원고 측의 주장은 너무 터무니없습니다. 놀이동산 때문에 쌀 수확량이 줄어들 수 있나요? 아니, 벼에 귀가 있는 것도 아닌데 놀이동산의 소음이 무슨 영향을 준다는 겁니까? 놀이동산의 소음과 쌀의 수확량 사이의 관계를 입증할 만한 증거가 없으므로, 본 변호사는 이 사건에 대해 재판할 가치가 없다고 생각합니다.

🗣 원고 측 변론하세요.

🗣 벼 연구소의 김벼쌀 박사를 증인으로 요청합니다.

한복에 삿갓을 쓴 60대 노인이 증인석에 앉았다.

🗣 증인은 벼에 대한 전문가죠?

🗣 네. 오랫동안 벼에 대한 연구를 해왔습니다.

🗣 이번 사건에 대해 어떻게 생각하십니까?

🗣 식물에는 단일 식물과 장일 식물이 있습니다.

🗣 그게 뭐죠?

🗣 지구에는 사계절이 있습니다. 그러니까 여름으로 갈수

록 낮이 길어지다가 가을이 되면 낮이 짧아집니다. 이때 하루 중 해가 떠 있는 시간을 일조 시간이라고 합니다. 장일 식물은 일조 시간이 길 때 그러니까 주로 여름에 열매를 맺는 식물이고, 단일 식물은 일조 시간이 짧아지는 가을에 열매를 맺는 식물입니다.

🤓 그럼 벼는 어떤 식물이죠?

😊 벼는 단일 식물입니다. 그래서 일조 시간이 가장 긴 하지에 꽃을 피우고 가을이 되면 열매를 맺습니다. 그게 바로 쌀이죠.

🤓 그럼 놀이공원 때문에 시끄러워서 열매를 잘 맺지 못할 수도 있습니까?

😊 식물은 귀가 없으니까 소음과 관련된 건 아니라고 봅니다. 하지만 놀이동산 때문에 벼의 수확량이 줄어들 수 있습니다.

🤓 왜죠?

😊 심야 놀이동산은 엄청나게 밝은 조명을 켭니다. 그 조명은 식물에게 인공 태양처럼 작용할 수 있습니다. 그 조명으로 어두워지지 않으니까 일조 식물인 벼는 꽃과 열매를 맺지 못할 수 있습니다. 또한 열매가 생기더라도 충분히 자라지 못해 쌀 알갱이가 작아질 수 있습니다.

🤓 조명 외에 또 놀이동산 때문에 생기는 피해가 있나요?

😊 일반적으로 곤충들은 밝은 조명 주위로 몰려듭니다. 벼

에 해로운 해충도 마찬가지죠.

🧑 그럼 놀이동산의 조명 주위로 모여든 해충이 논으로 가서 해를 끼칠 수도 있다는 얘기군요.

👴 그렇습니다.

🧑 우리는 이 재판에서 단일 식물과 장일 식물의 차이를 알 수 있었습니다. 만일 벼가 장일 식물이라면 라이스월드의 조명이 큰 영향을 안 주었을지도 모릅니다. 하지만 단일 식물인 벼는 가을에 해가 짧아져야 열매인 쌀을 맺을 수 있는데 놀이동산의 조명이 해가 길어진 것과 같은 효과로 작용하여 벼에 제대로 쌀이 맺히지 못하게 했습니다. 그러므로 라이스월드는 이번 사건으로 피해를 입은 라이스 마을에 정신적, 물질적 피해 보상을 해야 한다고 주장합니다.

🦁 아이들이 뛰어놀 수 있는 라이스월드와 같은 놀이동산도 미래의 주역인 아이들을 위해 필요한 시설입니다. 하지만 인공적인 시설물을 지을 때는 주위의 자연에 어떤 영향을 끼칠 수 있는가를 고려해야 할 것입니다. 그러므로 벼농사를 방해한 라이스월드의 심야 개장은 허용될 수 없고, 이번 농사의 피해에 대한 책임 역시 라이스월드가 져야 한다고 판결합니다.

재판 후 라이스월드는 더 이상 심야 개장을 할 수 없었다. 그리고 다음 해부터 라이스 마을은 다시 최고 품질의 쌀을 생산할 수 있게 되었다.

토마토 사건

토마토는 채소인가요? 과일인가요?

사건 속으로

과학공화국의 서쪽에는 채소와 과일을 주로 생산하는 야과 공화국이 있다. 야과공화국에는 없는 과일이나 채소가 없을 정도로 모든 종류의 채소와 과일이 재배되고 있었다. 이 덕분에 야과공화국은 채소와 과일을 다른 나라에 수출해 소득을 올렸다.

야과공화국에는 다른 나라에는 없는 정부 부처인 과일부와 채소부가 있다. 물론 과일부는 모든 과일의 관리를 맡고 채소부는 채소 관리를 맡았다.

채소부와 과일부는 과일이나 채소를 수출할 때 과일세와 채소세를 적용했고 그 세 수입은 각 부에서 관리했다.

다른 나라보다 질 좋은 채소와 과일을 싸게 살 수 있다는 점 때문에 외국 바이어들이 몰려들었다. 채소와 과일의 인기가 우열을 가리기 힘들 정도로 엇비슷하다 보니 과일부와 채소부가 걷는 세금도 거의 비슷했다.

그래서인지 그동안 두 부서의 공무원들은 서로 친하게 지내왔다. 그런데 최근 들어 전 세계에 토마토 열풍이 불면서 상황이 달라졌다. 야과공화국의 토마토 수출량이 몰라보게 증가한 것이다. 그로 인해 토마토 수출의 세금을 관리하는 과일부의 수입이 채소부 수입의 세 배를 넘어 두 부서의 균형이 깨지기 시작했다.

이때부터 두 부서의 관리들은 얼굴을 마주쳐도 서로 아는 척을 하지 않을 정도가 되었다.

그러던 어느 날 채소학회에서 도마덕 교수가 토마토는 과일이 아니라 채소라는 새로운 논문을 발표했다. 이 논문으로 인해 두 부서 사이에 분쟁이 일어났다.

채소부의 관리들은 그 논문을 근거로 토마토가 채소니 채소부에서 관리해야 한다고 주장했다. 이로써 토마토 분쟁은 생물법정에서 다루어지게 되었다.

수박, 참외, 토마토는 과일이 아니라 채소입니다.
일년생 식물의 열매이기 때문입니다.

토마토처럼 우리가 과일로 알고 있는 채소에는 어떤 것들이 있을 까요? 생물법정에서 알아봅시다.

생물짱 판사

생치 변호사

비오 변호사

피고 측 변론하세요.

정말 어처구니없는 사건이군요. 토마토는 사과나 배처 럼 우리가 즐겨 먹는 과일이 맞습니다. 이건 어린아이들도 알 고 있는 사실입니다. 그런데 토마토가 과일이 아니라고 우기 는 원고 측의 주장은 억지라고 생각합니다.

원고 측 변론하세요.

과채연구소의 채과장 박사를 증인으로 요청합니다.

배추머리에 검은 안경을 쓴 40대 남자가 증인석에 앉았다.

증인이 하는 일을 말씀해 주십시오.

저는 여러 가지 종류의 과일과 채소에 대한 연구를 하 고 있습니다.

과일과 채소가 다른가요?

다르죠.

어떻게 구별하죠?

채소는 일년생 식물의 열매이고 과일은 다년생 식물의 열매입니다.

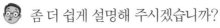 좀 더 쉽게 설명해 주시겠습니까?

포도나무, 배나무, 사과나무, 감나무는 모두 다년생 식물입니다. 여러 해 동안 사니까 열매를 따도 다음 해에 다시 열매가 열리게 되죠. 이런 다년생 식물의 열매를 과일이라고 합니다.

아하! 그래서 사과, 포도, 배, 감은 과일이라고 부르는 군요. 그럼 채소는 뭐죠?

채소는 일년생 식물의 열매입니다. 그러니까 봄에 심어서 가을이 되면 죽어 버리는 식물에서 따낸 것이죠. 토마토는 일년생 식물의 열매이므로 과일이 아닌 채소입니다.

우리가 과일로 알고 있는 채소도 많겠군요.

그렇습니다.

토마토 외에 또 어떤 게 있죠?

수박, 참외도 일년생 식물의 열매이므로 과일이 아니라 채소입니다.

고맙습니다. 존경하는 판사님, 증인이 얘기한 것은 과일과 채소를 구분하는 명확한 기준입니다. 이처럼 일년생 식물의 열매인 토마토가 채소임이 분명하므로 토마토에 대한 세금 관리는 채소부가 맡아야 한다는 것이 본 변호사의 주장입니다.

판결합니다. 과일 접시에 같이 담겨 있다고 그것이 모

두 과일은 아니군요. 원고 측의 증언은 과일과 채소를 구분하는 명확한 증거가 된다고 여겨집니다. 그러므로 앞으로 토마토의 관리는 채소부가 맡는 것으로 판결합니다.

재판 후 채소부는 토마토뿐 아니라 그동안 과일부가 관리해 오던 참외, 수박에 대한 세금도 관리하게 되었다. 이로 인해 채소부의 권위는 과일부보다 훨씬 커지게 되었다.

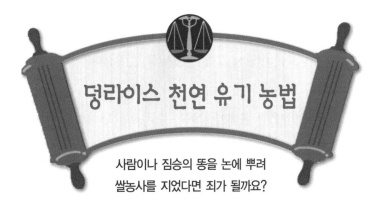

덩라이스 천연 유기 농법

사람이나 짐승의 똥을 논에 뿌려
쌀농사를 지었다면 죄가 될까요?

과학공화국은 외국에서 쌀을 수입하지 않아도 자급자족이 가능한 나라다. 그런데 최근에 인스턴트 푸드로 인해 쌀의 소비가 줄어들면서 사람들은 좀 더 질 좋은 쌀을 사는 데 혈안이 되었다.

그로 인해 어떤 마을의 쌀은 맛이 별로 없어 거의 팔리지 않는 반면 또 어느 마을의 쌀은 농사를 짓기 전에 예약을 해야 할 정도로 인기가 높았다.

과학공화국에서 요즘 가장 인기 있는 쌀은 천연 유기 농법으로 쌀농사를 짓는 걸로 알려진 덩라이스 마을의 쌀이다. 덩라이스 마을에서 화학 비료를 절대 사용하지 않는다는 신문 전면 광고를 내면서 그 인기는 날로 높아졌다.

화학 비료를 사용하여 쌀농사를 짓는 마을들은 덩라이스 마을로 인해 쌀 판매가 줄어들자 비료농 협의회를 만들어 대책을 협의했다.

"덩라이스 마을에선 화학 비료 없이 농사를 짓는다고?"

"그게 가능할까?"

"사실은 쓰면서 안 쓴다고 소문만 내는 건 아닐까?"

이런 식의 대화가 오고 갔다. 그러다가 참석자 중 한 명이 다음과 같이 제안했다.

"우리, 덩라이스 마을에서 농사짓는 모습을 촬영합시다."

"그거 좋은 생각이오."

사람들은 모두 그 의견에 동의했다. 그래서 비료농 협의회에서는 사람을 써서 덩라이스 마을의 농사 장면을 촬영하게 하였다. 그리고 얼마 후 비료농 협의회에서 몰래 촬영해 온 덩라이스 마을의 천연 유기 농법이 공개되었다.

순간 참석자들은 경악을 금치 못했다. 덩라이스 마을의 천연 유기 비료란 다름 아닌 소나 돼지와 같은 가축들의 똥이었다. 비료농 협의회는 이 사실을 과학농업청에 알렸다.

과학농업청은 비료농 협의회의 주장대로 덩라이스 마을에서 지저분한 동물의 똥을 논에 뿌려 인간이 먹는 쌀을 재배하고 있다며 일년간 농사 정지 처분을 내렸다.

이에 분개한 덩라이스 마을 사람들은 과학농업청과 비료농 협의회를 생물법정에 고소했다.

비료를 많이 사용하면 논이 산성화되어 나중에는 땅이 황폐해질 수 있습니다.
그러나 똥에는 벼가 자라는 데 필요한 영양분이 모두 들어 있고 땅의 산성화도 막지요.

비료 대신 사람이나 짐승의 똥을 이용하여 농사하면 어떤 점이 좋을까요? 생물법정에서 알아봅시다.

생물짱 판사

생치 변호사

비오 변호사

피고 측 변론하세요.

사람이 마시는 물에 비둘기 똥이 떨어지면 사람들은 마시지 않습니다. 똥이란 불필요한 것이 동물의 몸을 통해 밖으로 배출된 것입니다. 그러므로 사람이 매일 먹어야 하는 벼를 기르면서 짐승의 똥을 논에 뿌린다는 것은 있을 수 없는 일입니다. 그러므로 과학농업청이 덩라이스 마을에 내린 일시적인 농사 정지 처분은 당연하다고 생각합니다.

원고 측 변론하세요.

똥농 연구소의 나변농 박사를 증인으로 요청합니다.

지저분한 차림새를 한 40대 남자가 증인석에 앉았다.

똥과 농사의 관계를 말씀해 주세요.

똥은 식물이 잘 자라게 해 줍니다.

그럼 벼도 식물이니까 잘 자라겠군요.

물론이죠. 식물은 많은 영양분을 땅으로부터 얻습니다. 땅속에는 식물이 자라는 데 필수적인 영양분들이 많이 있기 때문입니다.

그럼 화학 비료는 왜 뿌리는 거죠?

식물에 꼭 필요하면서 땅에는 별로 없는 영양소를 주기 위해서입니다.

어떤 것이죠?

질소, 인, 칼슘이 바로 그런 것이죠. 그래서 이걸 비료 의 3요소라고 합니다.

그렇다면 화학 비료도 땅에는 그리 나쁜 게 아니군요.

그렇지 않습니다. 이런 비료의 성분 중에서 땅속에서 완전히 흡수되지 않은 것은 그대로 남아 땅을 산성화시키고 결국 땅을 황폐하게 합니다.

무시무시한 일이군요. 그럼 똥을 쓰면 무엇이 달라지 나요?

똥 속에는 비료가 가지고 있는 영양분이 모두 들어 있 을 뿐만 아니라 비료에 없는 영양소까지 있어서 벼가 잘 자랄 수 있습니다. 그리고 똥 속의 물질은 모두 땅에 흡수되므로 땅을 산성화시키지 않습니다.

그럼 화학 비료를 오래 뿌린 논과 그렇지 않은 논은 차 이가 나겠군요.

물론이죠. 화학 비료를 많이 사용하면 논이 산성화되어 나중에는 황폐해질 수 있습니다.

증인이 얘기한 것처럼 사람이나 짐승의 똥은 벼가 잘

자랄 수 있도록 도와줍니다. 그리고 화학 비료와는 달리 논이 산성화되어 점점 황폐해지는 것을 막아 줍니다. 이렇게 좋은 천연의 비료를 공짜로 얻을 수 있는데 왜 그것을 쓰지 않겠습니까? 그러므로 덩라이스 마을의 똥을 이용한 농사법은 오히려 다른 농가에도 권장되어야 한다고 생각합니다.

똥 속에 벼의 성장에 도움이 되는 요소가 많이 들어 있다면 그것은 이용되어야 할 것입니다. 화학적인 방법으로 억지로 만들어 내는 비료보다는 조상 때부터 알아 왔던 자연의 비료를 사용하여 농사를 짓는 것 역시 그다지 나쁘지 않다고 생각합니다. 그러므로 덩라이스의 똥 농사법에는 문제가 없다고 판결합니다.

판결이 끝난 후 덩라이스 마을의 농사법에 대한 인기는 더욱더 높아졌다. 그리고 다른 많은 농촌 마을에서 자연 유기 농법이 시도되었다. 이로 인해 가장 큰 타격을 입은 건 역시 비료 회사들이었다. 하지만 과학공화국의 논에서는 이제 구수한 자연의 냄새를 맡을 수 있었다.

식물 이야기

식물도 동물과 마찬가지로 살아 있는 생명체입니다. 식물은 크게 겉씨식물과 속씨식물로 나뉘지요. 어떤 차이가 있을까요? 겉씨식물은 씨앗이 꽃 바깥에 있고 속씨식물은 씨앗이 꽃의 씨방 안에 있습니다. 정원에서 키우는 대부분의 식물은 속씨식물입니다.

식물의 몸은 꽃, 잎, 줄기, 뿌리로 되어 있고 각각의 기능이 서로 다릅니다. 그럼 잎이 하는 일에 대해 알아볼까요? 잎은 다음과 같이 세 가지 일을 합니다.

● 호흡 작용

식물도 동물처럼 숨을 쉽니다. 잎에 있는 숨구멍을 통해 산소를 마시고 이산화탄소를 내보내는 것을 식물의 호흡이라고 하지요.

● 광합성 작용

식물은 햇빛을 받아 스스로 영양분을 만듭니다. 그것을 광합성이라고 하지요. 광합성은 식물의 잎 속에 있는 엽록체에서 일어나는데, 잎의 숨구멍을 통해 들어온 이산화탄소와 뿌리에서 빨아

올린 물을 섞고 빛을 받으면 영양분이 만들어집니다. 동물은 몸
속에서 스스로 영양분을 만들지 못하지요.

● 증산 작용

식물은 뿌리로 물을 빨아들이는데, 이렇게 들어온 물은 잎의
숨구멍을 통해 수증기가 되어 빠져나갑니다. 이것을 증산 작용이
라고 합니다. 식물은 이 기능을 통해 식물 속의 물의 양과 체온을
일정하게 유지합니다.

식물은 뿌리로 빨아올린 물을 잎의 숨구멍을 통해 수증기로 내보냅니다.

잎이 이상한 모양으로 변해 버린 식물도 있습니다. 선인장은 사막에서 사는데 물이 증발되는 것을 막기 위해 잎이 가시로 변했습니다. 호박이나 완두의 덩굴손은 잎이 변해서 된 것이죠. 물속에 사는 생이가래의 잎은 뿌리처럼 변한 잎이죠. 벌레를 잡아먹는 파리지옥의 잎은 집게 모양으로 되어 있어 벌레를 쉽게 잡을 수 있죠.

식물의 운동

식물도 자신이 좋아하는 것에는 반응을 보입니다. 예를 들어 감자의 싹은 빛이 오는 방향으로 자랍니다. 또한 식물의 뿌리는 습기가 많은 쪽으로 구부러집니다. 또한 땅 위로 나온 봉선화의 뿌리는 다시 땅속 방향으로 구부러지지요. 이런 것들을 식물의 운동이라고 합니다.

식물에게 음악을 틀어 주면 어떻게 될까요? 식물이 좋아하는 음악을 틀어 주면 잘 자라지만 싫어하는 음악을 틀어 주면 오히려 더 안 자랍니다.

식물도 자신이 좋아하는 빛, 습기, 음악 같은 것들에 반응을 보이지요.

소화와 관계된 사건

금반지 사건

케이크 속에 들어 있는 금반지를
삼켰어요. 어떤 일이 벌어질까요?

**사건
속으로**

최근 과학공화국은 얼짱 문화 때문에 많은 여학생들이 모델
이나 스튜어디스와 같은 직업을 원하고 있다. 그래서 여학생
들은 헬스와 같은 운동으로 몸매를 가꾸고 다이어트를 통해
그 몸매를 유지하느라 애를 쓴다.

사이언스 시티 대학 4학년인 김몸매 양도 모델을 꿈꾸는
많은 여대생 중의 한 명이다. 요즘 그녀는 졸업을 앞두고
모델 에이전시에 취직하기 위해 몸매 관리에 안간힘을 쓰
고 있다.

하지만 워낙 잘빠진 젊은 여자들이 많은 과학공화국에서 900 대 1이라는 경쟁을 뚫고 유명 모델 에이전시에 들어가는 것은 낙타가 바늘 구멍을 통과하는 것과 같이 어려운 일이다.

김몸매 양은 어릴 때부터 모델이 되는 꿈을 한 번도 포기한 적이 없었다. 하지만 김몸매 양의 키가 180센티미터나 되다 보니 모델 에이전시에서 요구하는 몸무게 하한선인 40킬로그램 이하가 된다는 게 여간 어려운 일이 아니었다.

하지만 매일 열 시간 이상 운동을 하여 그녀는 정확하게 40 킬로그램을 유지할 수 있었다. 드디어 내일, 바로 김몸매 양이 모델 에이전시에서 신체검사를 받는 날이다.

한편 오늘은 그녀 생일이라서 친구들이 생일을 축하하고 모델 에이전시 시험을 격려하기 위해 케이크를 준비해 그녀의 자취방에 왔다.

그런데 그 케이크에 문제가 있었다. 모델 준비로 바빠 연애할 시간이 없었던 김몸매 양은 남자 친구가 없었다. 하지만 그녀를 짝사랑하는 같은 과의 남자들은 줄을 설 정도로 많았다.

그리고 파티에는 그녀를 4년째 짝사랑해 온 같은 과 선배 왕일편 군도 자신이 손수 만든 케이크를 들고 참석했다. 김몸매 양은 내일 신체검사가 걱정되어 케이크 먹는 것을 주저했다.

하지만 많은 친구들이 생일의 주인공인 김몸매 양이 먼저 케이크 한 쪽을 먹기를 바랐다. 전날 저녁부터 거의 굶다시피

한 김몸매 양은 마지못해 손으로 케이크를 한 움큼 쥐어서 입에 넣었다.

그런데 그 케이크 속에 왕일편 군이 김몸매 양을 위해 준비한 10돈짜리 예쁜 금반지가 들어 있었다. 김몸매 양은 그 사실을 모른 채 케이크와 함께 금반지를 삼켰고, 친구들과 헤어진 후 케이크의 칼로리만큼 빼기 위해 유산소 운동을 하고 잤다.

그리고 다음 날 아침 그녀는 모델 에이전시의 신체검사를 받았다. 그런데 디지털 체중계에 나타난 그녀의 몸무게는 40.0375킬로그램이었다. 이렇게 37.5그램이 초과하여 모델 신체검사에 탈락한 김몸매 양은 친구들로부터 왕일편 군이 케이크에 넣어 둔 금반지를 삼킨 사실을 알게 되었다.

23년 동안 꿈꿔 온 모델의 꿈이 금반지 때문에 날아간 김몸매 양은 케이크에 금반지를 넣은 왕일편 군을 생물법정에 고소했다.

몸이 흡수하기 좋게 음식물을 작게 만들어 몸의 곳곳으로 보내는 걸 소화라고 합니다.
그러나 금과 같은 금속은 소화 효소에 의해 분해, 배설될 수 없습니다.

케이크와 함께 삼킨 금반지는 위에서 소화가 될까요? 소화란 무엇인가요? 생물법정에서 알아봅시다.

생물짱 판사

🌀 피고 측 변론하세요.

🧑 요즘 연인들 사이에 케이크에 금반지를 넣어 애정 표현을 하는 것이 유행입니다. 그러므로 케이크를 허겁지겁 먹어서 금반지를 함께 삼킨 김몸매 양의 부주의함이 이번 사건을 만들게 된 것으로 생각합니다. 그리고 좀 더 열심히 운동을 했다면 위 속에서 아주 강한 위산이 나와 금반지를 소화시키지 않았을까요? 아무튼 제가 생물을 잘 모르겠지만 왕일편 군은 사소한 장난을 한 죄밖에 없다고 생각합니다. 그러므로 김몸매 양이 모델 신체검사에서 탈락한 데에 책임이 없다는 것이 본 변호사의 생각입니다.

🌀 생물법정의 변호사가 생물을 잘 모른다고 얘기하다니 한심하군요. 원고 측에서 제대로 한번 변론하세요.

😲 위소화 연구소의 김위산 박사를 증인으로 요청합니다.

배가 불룩하게 나온 40대 남자가 증인석에 앉았다.

😲 증인은 위에서 음식물을 소화시키는 과정에 대한 전문가죠?

😵 네, 그렇습니다.

😮 소화라는 게 무엇입니까?

😲 우리가 먹는 음식물은 우리 몸이 흡수하기에는 너무 큽니다. 그래서 작게 만들어 우리 몸의 곳곳으로 보내는 것을 소화라고 합니다.

😮 그럼 소화는 위에서만 이루어집니까?

😲 그렇지 않습니다. 제일 먼저 입안에서 이빨이 음식물을 잘게 쪼개고, 침 속에 있는 소화 효소인 아밀라아제가 커다란 녹말을 엿당으로 분해합니다.

😮 그럼 지방과 단백질은요?

😲 그건 침이 분해를 못하니까 식도를 타고 위로 내려갑니다. 그리고 위 속에 있는 단백질 분해 효소와 염산에 의해 단백질이 분해됩니다.

😮 그럼 지방은요?

😲 위와 소장이 연결되어 있는데, 소장의 앞부분인 십이지장에는 이자액과 쓸개즙이 분비되어 있지요. 그런데 이자액에는 탄수화물, 단백질, 지방을 모두 분해할 수 있는 소화 효소가 있습니다. 그러니까 지방이 제일 마지막으로 분해가 되는 셈이죠.

😮 그럼 이번 사건으로 돌아가서, 금과 같은 금속이 위나 소장에서 소화 효소에 의해 분해되거나 배설될 수 있습니까?

불가능합니다. 특히 이번 사건의 경우처럼 10돈짜리 금반지는 죽어도 분해가 되지 않습니다.

그럼 위 속에 그대로 들어 있겠군요.

평생 동안 위 속에 넣고 다녀야 합니다.

어떻게 꺼내죠?

위를 자르는 수술을 해야 꺼낼 수 있습니다.

그럼 사람 몸의 무게에 금반지의 무게가 항상 추가되겠군요.

그렇게 되죠.

왕일편 군은 케이크에 10돈짜리 금반지를 몰래 넣었습니다. 금 한 돈이 3.75그램이므로 10돈짜리 금반지는 37.5그램의 무게가 나갑니다. 따라서 이 금반지를 삼킨 김몸매 양은 금반지가 위에서 소화되지 않음으로 인해 몸무게가 37.5그램 늘어났고, 이것 때문에 모델 시험에서 떨어지게 되었습니다. 그러므로 이 사건은 왕일편 군에게 모든 책임이 있다고 봅니다.

난감하군요. 사랑을 위해 금반지를 케이크에 넣었는데 그것의 무게가 이런 결과를 초래하다니요. 하지만 왕일편 군은 고의로 김몸매 양의 몸무게를 증가시키려고 하지 않은 점이 인정됩니다. 그러므로 왕일편 군은 김몸매 양이 모델 시험에 합격할 때까지 그 모든 경비를 부담할 것을 판결합니다.

재판 후 왕일편 군은 김몸매 양에게 위 수술을 하여 금반지를 빼자고 얘기했다. 하지만 김몸매 양은 몸에 칼자국이 남는 것이 싫다며 이를 거부했다. 왕일편 군은 김몸매 양이 다시 모델에 도전할 수 있도록 최선을 다해 도와주었다. 마침내 김몸매 양은 드디어 꿈에도 그리던 모델이 되었다. 그리고 두 사람의 관계는 좋게 발전되어 지금 두 사람은 금 10돈을 항상 저축해 둔 채 잘 살고 있다.

막도너스 사건

패스트푸드를 많이 먹어 살이 쪘다면
누가 책임을 져야 할까요?

**사건
속으로**

최근 과학공화국의 어린이들 사이에 패스트푸드의 인기가 높다. 패스트푸드는 오래 기다리지 않아도 되고 자신이 원하는 음식을 골라서 먹을 수 있기 때문에 아이들을 비롯한 젊은 층의 구미에 딱 맞는 음식이다.

패스트푸드 중에서 아이들에게 가장 인기 있는 것은 도너스버그로, 빵 사이에 납작하게 썬 돼지고기와 양배추를 넣어 만든 음식이다.

도너스버그는 경제 대국인 이코노 공화국에서 개발된 음식으로, 이 제품을 만든 막도너스 사는 전 세계에 수만 개의 점포를 가지고 있는 세계적인 대기업이다.

일부 선진국들은 막도너스의 점포 수를 제한하고 학교 급식을 강화하여 아이들을 패스트푸드로부터 보호했지만 과학공화국의 경우는 막도너스의 확산에 대해 속수무책이었다.

이렇게 급속도로 퍼진 막도너스의 열풍 때문에 과학공화국의 어린이들은 하루에 한 끼니 이상을 막도너스에서 사 먹을 정도였다. 이로 인해 과학공화국에서는 쌀이 남아돌아 농민들이 쌀을 팔지 못해 고생이 이만저만이 아니었다.

하지만 다른 모든 것보다도 더 심각한 문제는 아이들의 비만이었다. 최근 전 세계의 초등학생의 몸무게를 비교한 결과 과학공화국 어린이들의 평균 몸무게가 가장 무거웠다. 이것은 물론 막도너스와 같은 데서 파는 패스트푸드 때문이었다.

사이언스 시티의 과학초등학교 4학년인 김비만 군은 몸무게가 100킬로그램을 넘어 몸도 제대로 가누기 힘든 형편이었다. 김비만 군은 하루 세 끼를 모두 막도너스에서 해결하면서 더욱 몸이 붇기 시작했다.

김비만 군의 부모는 자식의 비만이 막도너스가 제공하는 식품의 과도한 칼로리 때문이라며 막도너스를 생물법정에 고소했다.

우리는 음식 속의 탄수화물, 단백질, 지방을 소화시켜 에너지를 얻습니다.
패스트푸드 중에는 너무 높은 칼로리를 내는 것들이 있으니 조심해야겠지요.

패스트푸드가 아이의 비만을 초래할까요? 올바른 영양을 위해서는 어떻게 먹어야 할까요? 생물법정에서 알아봅시다.

생물짱 판사

생치 변호사

비오 변호사

피고 측 변론하세요.

현대 사회는 어린아이들부터 어른들까지 할 일이 많고 바쁜 사회입니다. 그러므로 막도너스와 같은 패스트푸드가 열풍을 일으키는 건 당연한 일이지요. 건강은 음식으로만 관리되는 것이 아닙니다. 일부는 자연의 음식만이 건강에 좋다고 하나, 현대 사회에서 음식의 종류보다 더욱 중요한 것은 얼마나 스트레스를 받지 않고 맛있게 먹는가 하는 것입니다. 비록 막도너스의 패스트푸드가 고칼로리라고는 하나 그것을 충분히 태울 수 있는 적절한 운동을 한다면 비만은 생기지 않을 것입니다. 그러므로 김비만 군의 비만은 운동 부족으로 일어난 것이지 단지 막도너스의 음식 때문이라고 단정할 만한 증거는 없다고 생각합니다.

원고 측 변론하세요.

칼로리 연구소의 김영양 박사를 증인으로 요청합니다.

균형 잡힌 몸매를 가진 40대 남자가 증인석에 앉았다.

 칼로리라는 게 무엇이죠?

열량의 단위입니다. 열량이란 곧 에너지를 뜻하니까 칼로리는 에너지의 단위라고 해도 됩니다. 우리가 음식을 먹으면 그 음식으로부터 우리는 에너지를 얻게 됩니다.

그럼 어떤 음식은 칼로리가 높고 어떤 것은 낮겠군요.

그렇습니다. 우리는 살아가는 데 필요한 에너지와 몸을 구성하는 성분을 얻기 위해 식사를 합니다. 그때 섭취한 음식으로부터 우리는 필요로 하는 영양소를 얻게 됩니다.

영양소가 뭐죠?

음식은 주로 탄수화물, 단백질, 지방이라는 영양소를 가지고 있습니다. 이 세 가지는 우리 몸에 꼭 필요한 영양소이기 때문에 필수영양소라고 부릅니다. 즉 우리는 이들을 소화시켜 필요한 에너지를 얻게 됩니다.

탄수화물, 단백질, 지방은 똑같은 에너지를 줍니까?

그렇지 않습니다. 같은 양을 먹었을 때 지방이 탄수화물과 단백질보다는 더 많은 에너지를 줍니다.

얼마나 차이가 나죠?

지방 1그램은 9칼로리의 에너지를 주고 탄수화물이나 단백질 1그램은 4칼로리의 에너지를 줍니다.

그럼 에너지를 많이 주는 지방을 많이 먹어야 되겠군요.

그렇지 않습니다. 우리 몸이 필요로 하는 적당한 에너지가 있습니다. 그 외의 에너지는 모두 사람의 몸속에서 살이 됩니다. 그러니까 칼로리가 높은 지방을 많이 섭취하면 살이 찔 수 있지요.

그럼 막도너스의 음식은 칼로리가 높은 편입니까?

그렇다고 볼 수 있습니다. 우리가 집에서 먹는 밥과 찌개에 비하면 막도너스의 도너스버그나 함께 마시는 콜라는 칼로리가 아주 높은 음식입니다. 물론 섭취한 칼로리 중에서 필요로 하는 칼로리 이외의 것은 열심히 땀 흘리고 운동하면 분해가 되어 불필요한 살을 만들지는 않겠지만요. 아무튼 다른 음식에 비해 패스트푸드의 음식이 칼로리가 높은 건 사실입니다.

알겠습니다. 이번 사건은 아이들의 건강은 생각하지 않고 달짝지근한 맛으로 아이들을 유혹해 돈만 벌면 된다는 잘못된 어른들의 사고방식에서 벌어졌다고 생각합니다. 요즘은 예전과는 달리 어린아이들이 하루 종일 뛰어놀 수 있는 상황이 아닙니다. 학교를 마치고 돌아오면 학원을 가거나 아니면 집에서 친구들과 컴퓨터를 하는 등 하루의 운동량이 그리 많지 않습니다. 그런데 막도너스와 같이 칼로리 높은 음식으로 아이들을 중독시켜 아이들의 비만을 초래했다면 그 책임은 당연히 막도너스가 져야 한다고 생각합니다.

정말 어린이나 청소년의 비만 문제가 사회적인 문제로까지 되고 있습니다. 과거처럼 맘껏 뛰어놀 수 없는 우리의 어린이들이 불쌍한 상황에서 어른들이 아이들의 건강을 해치는 패스트푸드를 이용하여 돈만 벌면 된다는 식으로 행동하는 것에 환멸을 느낍니다. 그러므로 다음과 같이 판결합니다. 앞으로 막도너스는 점포 입구에 키와 체중을 동시에 측정하여 비만도를 알 수 있는 장치를 설치하고 비만으로 판정받은 사람에게는 막도너스의 음식을 판매할 수 없도록 판결합니다.

생물법정의 권위는 대단했다. 그날 이후 전국의 모든 막도너스 점포 앞에는 비만도를 측정할 수 있는 장비가 들어섰다. 그리고 막도너스 안에서는 몸매가 호리호리한 사람들만 도너스버그를 먹고 있었다.

소화 이야기

우리는 왜 음식을 먹어야 하나요? 우리 몸은 66퍼센트의 물과 16퍼센트의 단백질과 13퍼센트의 지방과 5퍼센트의 탄수화물, 무기염류 등으로 이루어져 있습니다. 이런 물질들은 음식을 통해 받아들일 수 있지요. 음식물 속에는 우리 몸을 구성하거나 에너지를 내는 데 필요한 물질들이 들어 있는데 그것을 영양소라고 부릅니다.

탄수화물, 지방, 단백질을 3대 영양소라고 하고, 그 외의 비타민, 무기염류, 물을 부영양소라고 합니다. 무기염류는 철, 칼슘, 인, 마그네슘과 같은 것들을 말하지요.

여러분이 먹는 음식물은 알갱이가 커서 그대로는 몸에 흡수되지 않습니다. 그러니까 잘게 부수어야 하지요. 그 과정을 소화라고 하는데 다음과 같이 두 종류가 있습니다.

● **기계적 소화: 힘으로 음식물을 잘게 쪼개는 것**
● **화학적 소화: 소화 효소로 음식물을 잘게 부수는 것**

음식물이 입으로 들어오면 우선 이가 음식물을 잘게 부숩니다.

다음으로는 침이 공격을 합니다. 침은 침샘에서 만들어지는데 입안에는 귀밑샘, 턱밑샘, 혀밑샘이라는 침샘이 있습니다. 침 속에는 특히 탄수화물을 잘 분해하는 아밀라아제라는 소화 효소가 있어서 탄수화물을 작은 포도당으로 쪼개지요.

그럼 다른 영양소들은 어디에서 잘게 부수어질까요? 대부분의 영양소들은 위에서 잘게 부수어집니다. 입을 떠난 음식물은 식도를 통해 위로 갑니다. 식도의 길이는 보통 25센티미터 정도이고 위쪽부터 차례로 오므라들었다 늘어났다 하는 연동 운동을 합니다. 음식물은 아래로 아래로 내려가서 위에 도착합니다.

위는 윗부분이 크고 아랫부분이 작은 자루 모양의 소화 기관으로 자신의 신발과 크기가 비슷합니다. 어른의 위는 4리터 정도의 음식물을 담을 수 있습니다.

위벽에는 많은 주름이 있고 주름 사이에 위액을 분비하는 위샘이 있습니다. 위액 속에는 펩신이라는 소화 효소가 있어 단백질을 잘게 부숴 펩톤으로 만듭니다.

위를 거친 음식물은 작은창자로 보내집니다. 작은창자는 음식물의 대부분이 소화되는 아주 중요한 장소입니다. 작은창자가 시

위는 윗부분이 크고 아랫부분이 작은 자루 모양의 소화 기관으로
자신의 신발과 크기가 비슷합니다.

작되는 곳을 십이지장이라고 하는데 길이는 30센티미터 정도입
니다. 십이지장에는 이자에서 만들어지는 이자액과 간에서 만들
어지고 쓸개에 저장되어 있던 쓸개즙, 그리고 작은창자 벽에 있
는 장샘에서 만들어지는 장액이 있습니다.

이자액에는 지방을 잘게 부수는 리파아제라는 소화 효소와 단백질을 잘게 부수는 트립신이라는 소화 효소가 들어 있습니다. 쓸개즙은 소화 효소는 들어 있지 않지만 지방의 소화를 도와줍니다. 장액에는 단백질을 분해하는 펩티다아제라는 소화 효소가 들어 있습니다.

작은창자를 지난 음식물은 큰창자로 보내집니다. 큰창자는 작은창자보다 굵지만 길이는 1미터 50센티미터 정도로 작은창자보다 짧습니다. 보통 맹장에서 항문까지를 큰창자라고 하는데 큰창자는 맹장, 결장, 직장으로 구분됩니다.

맹장은 충수라고도 부르는데 길이는 5센티미터 정도이고 끝은 막혀 있습니다. 결장은 큰창자의 대부분을 차지합니다. 직장은 큰창자의 마지막 부분으로 항문과 연결되어 있습니다.

큰창자에서는 물이 흡수되고, 남은 찌꺼기는 대변이 되어 큰창자의 연동 운동에 의해 항문을 통해 밖으로 나갑니다.

제 8 장

호흡에 관한 사건

기도와 식도_ 젤리 빨리 먹기 대회

젤리 빨리 먹기 대회에 참가했다가 기도가 막혔다면 누구의 책임일까요?

호흡의 조건_ 난초 속의 죽음

난초와 함께 자다가 죽을 수도 있나요? 그렇다면 그건 누구의 책임일까요?

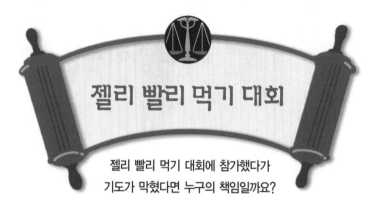

젤리 빨리 먹기 대회

젤리 빨리 먹기 대회에 참가했다가
기도가 막혔다면 누구의 책임일까요?

**사건
속으로**

과학공화국의 어린이들 사이에서는 최근 하이 제과에서 개발한 말랑스라는 제품이 인기를 끌고 있다. 입안에 항상 뭔가 달짝지근한 것을 물고 있기를 좋아하는 아이들에게 말랑스는 기존의 인기 상품인 껌이나 사탕을 제치고 최고의 인기 상품이 되었다.

그것은 말랑스가 사탕처럼 딱딱하지 않은 젤리 스타일인 데다가 여러 가지의 투명한 색깔을 가지고 있기 때문이었다. 또한 투명한 젤리 안에 망고와 같은 작은 과일이 들어 있어서 아이들이 아주 좋아할 만했다.

말랑스의 인기는 발매 한 달 만에 하이 제과를 업계 1위로 만들 정도로 대단했다. 하이 제과는 말랑스의 인기에 힘입어 이번에는 좀 더 크기가 커진 슈퍼 말랑스를 신제품으로 내놓고 이벤트를 기획하고 있었다.

"어떤 이벤트가 좋을까?"

하이 제과의 사장이 말했다.

"글쎄요. 포장지에 '당첨'과 '다음 기회에'라고 두 종류로 인쇄해서 '당첨'이 나오면 슈퍼 말랑스를 하나 더 주는 방식은 어떨까요?"

홍보부장이 말했다.

"그건 좀 진부하지 않을까?"

"그럼 이건 어떨까요? 아역 스타들을 동원하여 슈퍼 말랑스 빨리 먹기 대회를 하고 그것을 방송으로 내보내는 겁니다."

이벤트 부장이 말했다.

"그거 좋겠군. 그럼 당장 시행토록 하게."

이렇게 하여 아역 스타들 다섯 명을 불러 슈퍼 말랑스 빨리 먹기 대회를 열었다.

그런데 이 대회에서 큰 사고가 벌어졌다. 최근 주말연속극 〈엄마야〉에 출연하면서 큰 인기를 모으고 있는 아이돌 스타 나급해 군이 슈퍼 말랑스를 너무 급하게 먹다가 그만 기도가 막힌 것이다.

이 사고로 나급해 군은 급히 병원에 실려 가 치료를 받았다. 하지만 병원에서 퇴원한 뒤에도 나급해 군은 더 이상 방송에 나갈 수 없는 상태가 되었다. 이에 나급해 군의 부모는 하이 제과를 생물법정에 고소했다.

음식을 입에서 위로 보내는 길이 식도이고, 숨을 들이마시는 길이 기도입니다.
식도와 기도는 이웃해 있어 서로 영향을 주기도 합니다.

급하게 삼킨 슈퍼 말랑스가 기도를 막으면 어떻게 될까요? 우리가 숨을 쉬는 원리를 생물법정에서 알아봅시다.

생물짱 판사

생치 변호사

비오 변호사

 피고 측 변론하세요.

음식을 빨리 먹는다고 모두 기도가 막히는 것은 아닙니다. 음식을 위로 보내는 길은 식도이고 사람이 숨을 들이마시는 길은 기도로 두 길로 들어가는 구멍은 분명히 다릅니다. 그러므로 나급해 군의 사고가 슈퍼 말랑스 때문이라고 단정할 수는 없다고 생각합니다.

원고 측 변론하세요.

브레드 연구소의 이숨서 박사를 증인으로 요청합니다.

운동을 하다가 갑자기 뛰어온 추리닝 차림의 남자가 가쁜 숨을 몰아쉬며 증인석에 앉았다.

증인이 하는 일을 간단하게 소개해 주시겠습니까?

저는 사람의 호흡에 대해 연구하는 사람입니다.

호흡이 뭐죠?

간단하게 말하면 숨 쉬는 게 바로 호흡입니다.

좀 더 자세히 설명해 주시겠습니까?

우리가 숨을 들이쉬고 내쉴 때마다 공기가 코, 기관, 기관지를 거쳐 폐로 들어갔다가 나옵니다. 기관과 기관지의 안쪽에는 많은 섬모가 있어 공기 속의 먼지나 세균을 걸러 줍니다. 그리고 폐 속에는 아주 많은 폐포가 포도송이처럼 있는데 이것이 산소와 이산화탄소를 교환하는 작용을 하지요.

어떻게 교환하죠?

폐포들은 모세 혈관과 연결되어 있습니다. 그러니까 빨아들인 산소를 모세 혈관에 넣어 주고 불필요한 이산화탄소를 나오게 하여 밖으로 내보내는 역할을 합니다.

음식을 먹다가 기도가 막힐 수 있습니까?

있습니다. 식도와 기도는 이웃해 있습니다. 그러므로 식도로 들어가지 못할 정도로 큰 음식물이 식도 입구에 놓이면서 기도를 막을 수 있습니다. 특히 젤리처럼 말랑말랑한 물질이 기도를 막으면 공기가 들어갈 수 있는 틈이 없어 기도가 완전히 막히게 됩니다. 이렇게 기도가 막혀 일정 시간 동안 공기를 들이마시지 못하면 산소의 공급이 어려워져 심장이 멈추게 됩니다.

그렇군요. 먹기 대회는 이 세상에서 가장 미련한 대회입니다. 그중에서도 빨리 먹기 대회는 아주 위험합니다. 증인이 얘기했듯이 젤리 종류의 음식물을 제대로 씹지 않고 삼키면 기도를 완전히 막을 수 있습니다. 그러므로 이 사건은 슈퍼 말랑스 이벤트를 벌인 하이 제과가 모두 책임져야 한다고 생각합니다.

🦁 먹은 것을 삼키는 식도와 공기를 들이마시는 기도가 이웃해 있으므로 우리는 음식물을 입에서 잘게 분해하여 식도를 통해 위로 가도록 해야 할 것입니다. 그런데 빨리 먹기 대회는 입에서 음식물을 잘게 분해할 시간을 주지 않아 큰 음식물이 기도를 막을 수 있는 가능성을 높였다고 보여져 이번 사건에 대한 모든 책임을 하이 제과가 져야 한다고 판결합니다.

재판 후 하이 제과는 나급해 군에게 평생 동안 필요한 생활비와 위자료를 지불하고 더 이상 말랑스와 같은 젤리 계통의 식품을 만들지 않았다.

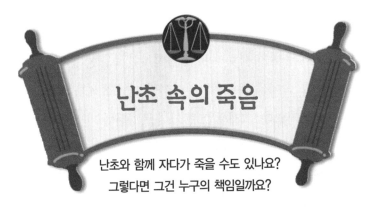

난초 속의 죽음

난초와 함께 자다가 죽을 수도 있나요?
그렇다면 그건 누구의 책임일까요?

**사건
속으로**

이난초 씨는 난초를 너무 좋아해서 이름을 이난초로 바꿀 정
도로 난초 마니아다. 그의 집에는 100여 개의 크고 작은 난
초 화분이 있고 지금도 계속 난초를 수집하고 있다.

그가 난초에 빠지게 된 데에는 사연이 있다. 몇 년 전 이난초
씨는 이 세상에서 가장 사랑하는 아내가 암으로 세상을 떠난
뒤 이난초 씨는 난초를 키우면서 슬픔을 달래 왔다. 아내와
의 사이에 자식이 없는 이난초 씨에게 서로 다른 모습을 한
난초는 자식이자 아내이자 친구였다.

이난초 씨는 사이언스 시티에서 가장 큰 난초 가게인 난초스에 자주 들러 난초를 구입했다. 새로 구입한 난초는 이난초 씨에게 마치 새로 태어난 아이처럼 소중한 존재였다. 이렇게 난초 속에서 하루하루 살아가던 이난초 씨가 최근 들어 자주 콜록거렸다. 그래서 그는 가까운 병원에 가 보았다.

"심폐 기능이 약해졌습니다."

의사가 말했다.

"그럼 어떻게 하면 되죠?"

이난초 씨가 물었다.

"찬 공기를 피해야 하니까 유리창에 테이프를 붙여 바람이 들어오지 못하게 하고 항상 따뜻하게 하고 주무세요. 가능하면 외출도 삼가세요."

이난초 씨는 의사가 시키는 대로 침실 유리창과 창틀 사이를 테이프로 막아 바람이 못 들어오게 하고 거의 외출도 하지 않은 채 방 안에서 난초들을 바라보며 지냈다. 그는 외출을 가급적 피하기 위해 자신이 아끼는 많은 난초 화분들을 모두 안방에 들여놓았다.

이렇게 난초로 둘러싸인 침실에서 며칠을 보내던 이난초 씨는 점점 숨을 쉴 수 없을 정도로 힘들어했다. 하는 수 없이 그는 다시 병원에 갔고 호흡기에 병이 생겼으니 입원해야 한다는 얘기를 들었다.

병원에 입원한 이난초 씨는 자신의 병이 어쩌면 난초 때문에 생겼을지도 모른다며 난초 판매상인 난초스를 생물법정에 고소했다.

식물은 낮에는 잎을 통해 이산화탄소를 들이마시고 산소를 배출합니다.
그러나 밤이 되면 산소를 마시고 이산화탄소를 배출합니다.

난초가 어떤 작용을 했기에 이난초 씨가 호흡하기 힘들어졌을까요? 생물법정에서 알아봅시다.

생물짱 판사

생치 변호사

비오 변호사

피고 측 변론하세요.

난초는 식물입니다. 식물이 발이 달린 것도 아니고 어떻게 사람에게 병을 옮길 수 있습니까? 제가 들은 바로는 오히려 방 안에 식물을 놔두면 뇌가 맑아지고 건강에 좋다고 합니다. 이번 사건을 보면 난초와 이난초 씨의 호흡기 질환 사이의 관계를 입증할 만한 이론이 없습니다. 그러므로 난초를 판매한 난초스가 이난초 씨에게 보상할 의무가 없다는 것이 본 변호사의 생각입니다.

원고 측 변론하세요.

이호흡 박사를 증인으로 요청합니다.

이호흡 박사가 증인석에 앉았다.

증인은 어떤 일을 하고 있죠?

저는 사람의 호흡 작용에 대해 연구하고 있습니다.

사람이 숨 쉬는 거 말이죠?

그렇습니다.

근데 숨 쉬는 게 그저 공기만 있으면 되는 거 아닌가요?

물론 그렇죠. 공기는 80퍼센트의 질소와 20퍼센트 정도의 산소로 이루어져 있죠. 이 중에서 우리가 공기를 들이마셔 숨을 쉬는 데 필요한 것은 바로 산소입니다. 그러므로 공기가 있다 해도 공기 중에 산소가 거의 없으면 우리는 숨을 쉴 수 없지요.

그런 일이 가능합니까?

밀폐된 방에서 불이 났다고 가정해 보죠. 그럼 불길이 모든 것을 태울 것입니다. 태운다는 건 공기 중의 산소와 물질이 결합하는 것입니다.

그럼 산소가 줄어들겠군요.

그렇습니다. 그래서 공기 속에 산소가 거의 없고 질소만 있게 됩니다. 그러면 우리가 산소를 들이마시지 못하니까 질식하게 되죠. 그러니까 화제 때 많은 사람들이 질식사하는 것입니다.

하지만 그것은 물질을 태웠을 때 얘기고요. 이난초 씨는 단지 침실에 난초 화분을 두었을 뿐인데요.

식물은 낮에는 잎을 통해 이산화탄소를 들이마시고 산소를 배출합니다. 이때 물과 이산화탄소가 합쳐지고 여기에 빛을 받으면 포도당이라는 영양분이 만들어지죠. 이런 걸 광합성이라고 합니다.

그럼 밤에는 어떻게 영양분을 만들죠?

밤에는 빛이 없어 광합성이 일어나지 않습니다. 그래서 밤이 되면 식물은 반대로 공기 중의 산소를 들이마시고 이산화탄소를 배출합니다.

아하. 그러니까 이난초 씨의 방에 있는 많은 난초들이 밀폐된 방에서 공기 중의 산소를 들이마시니까 이난초 씨가 호흡하기 힘들어진 것이군요.

그렇다고 볼 수 있습니다. 그래서 잠자는 방에서는 화분을 치우는 것이 좋습니다.

밀폐된 방에는 일정량의 산소가 있습니다. 이난초 씨와 많은 난초들이 동시에 그 산소를 이용하여 호흡하기에는 공기의 양이 충분하지 않습니다. 애완동물을 파는 사람은 그 애완동물에 대한 주의 사항을 손님에게 알려 줄 의무가 있다고 생각합니다. 마찬가지로 난초를 파는 사람은 난초를 사는 사람에게 난초를 방에서 키울 때의 주의 사항을 알려 줄 의무가 있다고 봅니다. 그러므로 이번 사건에 대해 난초스가 책임이 있다고 주장합니다.

원고 측 주장에 일리가 있습니다. 사실 밤에 식물이 산소를 들이마신다는 사실을 제대로 알고 있는 사람은 그리 많지 않을 것이라고 생각합니다. 그러므로 그 사실을 이난초 씨에게 알려 주지 않은 난초스가 이난초 씨에게 정신적, 물질적 피해를 보상할 의무가 있다고 판결합니다.

재판 후 이난초 씨는 맑은 공기가 있는 곳으로 요양을 가게 되었다. 물론 그 경비는 모두 난초스가 부담했다. 이후 난초스의 난초 화분에는 다음과 같은 문구가 써 있었다.

밤에는 난초와 산소 가지고 다투지 마세요. 위험합니다.

호흡 이야기

숨 쉬는 것을 어려운 말로 호흡이라고 합니다. 사람의 호흡 기관은 코, 기관, 기관지, 폐이지요. 숨을 들이쉬면 공기 중의 산소가 코, 기관, 기관지를 거쳐 폐로 들어갑니다. 기관이나 기관지에는 많은 섬모들이 있고 끈끈한 물질로 뒤덮여 있어서 함께 들어온 먼지나 세균을 걸러 내는 역할을 하지요.

코로 들어간 산소는 기관지를 지나 폐로 들어갑니다. 폐에는 작은 주머니 모양의 폐포가 많이 있습니다. 보통 폐포의 개수는 7억 5000만 개 정도이지요. 폐포는 모세 혈관으로 둘러싸여 있는데 폐로 들어온 산소는 폐포로 들어가 모세 혈관을 통해 혈액 속으로 들어갑니다.

우리가 산소를 마셔야 하는 이유는 무엇일까요? 우리가 음식을 먹으면 그중 쓸모 없는 것은 밖으로 나가고 영양소만 몸에 남습니다. 우리 몸은 이 영양소들을 태워서 에너지를 얻어야 합니다. 그러기 위해서는 산소가 반드시 필요합니다.

영양소와 산소가 몸속에서 합쳐지면 우리가 살아갈 수 있는 에너지가 나오고 물과 이산화탄소가 나옵니다. 이산화탄소는 우리 몸에서 필요가 없으므로 다시 몸 밖으로 배출되지요.

우리가 음식을 먹으면 영양소가 흡수됩니다.
이 영양소들을 태워 에너지를 얻지요. 그러기 위해서 산소가 필요합니다.

피의 순환

사람 몸속에는 많은 양의 피가 흐르는데 피를 다른 말로 혈액
이라고 합니다. 혈액은 고체 성분인 혈구와 노르스름하게 보이는
액체 성분인 혈장으로 나뉘지요.

혈구에는 적혈구, 백혈구, 혈소판이 있습니다. 적혈구는 가운

데가 움푹 들어간 원반 모양으로 안에는 헤모글로빈이라는 색소가 들어 있습니다. 피가 빨갛게 보이는 건 바로 헤모글로빈 때문이지요. 헤모글로빈은 산소가 많은 곳에서는 산소와 결합하고 산소가 적은 곳에서는 산소를 내놓는 성질이 있습니다.

백혈구는 핵을 가지고 있고 몸속으로 들어온 세균을 잡아먹습니다. 혈소판은 불규칙한 모습을 하고 있으며 몸에 상처가 났을 때 피를 굳게 하여 출혈을 막아 줍니다.

혈장의 90퍼센트는 물로 무기 염류, 비타민, 포도당, 단백질 등의 영양소를 녹여서 몸 전체로 운반하며 몸에 생긴 노폐물을 허파나 신장으로 보냅니다.

이제 심장이 하는 일에 대해 알아봅시다. 사람의 심장은 주먹만 한 크기로 몸 가운데서 약간 왼쪽으로 치우쳐 있습니다.

심장은 네 개의 방으로 나누어져 있습니다. 심장으로 들어오는 피를 받는 부분을 심방이라고 하고 피를 심장 밖으로 내보내는 곳을 심실이라고 하는데, 심방과 심실, 심실과 동맥 사이에는 판막이 있어 피가 한쪽으로만 흐르게 합니다. 심장은 규칙적으로 수축했다가 팽창했다 하면서 피를 내보내거나 받아들이는데 이

규칙적인 운동을 박동이라고 부릅니다.

　이제 피가 어떻게 온몸으로 흐르는지 알아봅시다. 심장과 연결되어 있는 혈관은 동맥과 정맥입니다. 동맥은 심장에서 피가 나가는 혈관이고 정맥은 피가 심장으로 들어오는 혈관입니다.

　피의 순환은 다음과 같습니다. 온몸을 돌고 들어온 피는 대정맥을 통해 우심방으로 들어가고 우심방이 수축할 때 우심실로 보내집니다. 우심실이 수축하면서 폐동맥을 통해 폐로 간 피는 모세 혈관을 지나면서 이산화탄소를 버리고 산소를 받아들인 다음 폐정맥을 통해 좌심방으로 돌아와 좌심실로 보내지고 대동맥을 통해 온몸의 모세 혈관으로 흐르게 됩니다.

동물 물리 사건

철새들의 반란

철새들에게 자석을 가까이 하면
어떤 일이 벌어질까요?

**사건
속으로**

과학공화국 남부 해안으로 흐르는 버드 강 하구에는 거대한
삼각주가 있다. 삼각주는 강물에 떠내려온 퇴적물들이 강과
바다가 만나는 곳에 쌓인 것이다. 이 삼각주의 아래쪽에는
모래섬이 있어서 철새들이 쉬기에 좋다.

무엇보다 버드 강 하구에는 철새들의 먹잇감이 풍부했다. 강
상류의 영양분 많은 퇴적물이 떠내려와 수초 등과 함께 쌓이
고 강과 바다가 마주치는 곳이기 때문에 철새들이 좋아하는
갯지렁이와 같은 먹잇감이 많았다.

그런데 최근에 과학공화국 물리부에서 버드 강 하구에 자석의 물리학을 연구하기 위한 대규모 자석 실험실을 건설하기로 했다. 물론 철새를 보호하려는 철사모와 같은 단체들은 거세게 반대했지만 물리부의 강경한 정책을 시민 단체들이 막을 수 없었다.

드디어 공사가 시작되었고 거대한 전자석 슈퍼 마그넷이 건설되었다. 전자석은 전류를 흘려보내 자기장을 가지게 하는 인공 자석이다. 그러므로 전류를 세게 흘려보내면 그만큼 강한 자기장이 만들어지는 셈이다. 또한 슈퍼 마그넷의 자기장은 원을 그렸다. 즉 이 자석 주위에 나침반들을 놓으면 N극이 향하는 방향이 원을 이루는 것이다.

슈퍼 마그넷이 건설된 그해 겨울에 수많은 철새들이 다시 버드강 하구에 모여들었다. 철새들은 떼 지어 내려앉아 모래 속의 갯지렁이를 부리로 잡아먹었다.

이렇게 철새들은 모래사장에서 겨울을 보냈다. 그사이에 모래사장 주변의 슈퍼 마그넷은 계속 작동했으므로 그 지역에는 강한 자기장이 걸려 있었다.

눈이 녹고 따스한 봄이 오자 철새들은 떼 지어 떠날 차비를 했다. 그런데 철새들이 이상했다. 원래대로라면 북쪽으로 떼 지어 날아가야 하는데 철새들은 슈퍼 마그넷 주위를 빙글빙글 원을 그리면서 돌고 있었다. 결국 북쪽으로 이동하지 못한 채 슈퍼 마그넷 주위만 맴돌다가 많은 철새들이 근처 건물에 부딪쳤다.

이 사고로 철새들이 떼죽음을 당하자 철사모는 이것이 슈퍼 마그넷의 강한 자기장 때문이라며 과학공화국 물리부를 생물법정에 고소했다.

철새는 북쪽과 남쪽 두 지역을 이동하며 살아갑니다.
철새들의 뇌 속의 액체 자석 물질이 나침반 역할을 하기 때문에 가능합니다.

철새들의 떼죽음과 슈퍼 마그넷의 자기장은 어떤 관계가 있을까
요? 생물법정에서 알아봅시다.

생물짱 판사

생치 변호사

비오 변호사

피고 측 변론하세요.

자석과 새가 무슨 관계가 있습니까? 정말 어처구니가
없군요. 본 변호사는 새들의 죽음과 슈퍼 마그넷이 아무 상관
이 없다고 생각합니다. 사람들이 사는 집에도 스피커를 비롯
해 여러 곳에 자석이 있고, 그 자석으로부터 자기장이 나옵니
다. 그럼 집에서 키우는 새들은 모두 자석의 자기장 때문에
죽어야 한다는 건가요? 아무튼 슈퍼 마그넷을 철새 도래지인
버드 강 하구에 건설한 물리부는 이번 사건에 대해 책임이 없
다는 게 본 변호사의 생각입니다.

원고 측 변론하세요.

그냥 새가 아니라 철새입니다. 그리고 집에서 철새를
키우는 사람은 없습니다.

원고 측 변호인, 철새와 새가 다른가요?

판사님, 그 문제는 새 박사인 윤조두 박사를 증인으로
모셔 묻기로 하겠습니다.

어리숙한 차림에 고집이 세 보이는 50대 교수가 증인석에 앉
았다.

🤓 새와 철새가 다른가요?

🧑‍🦱 새 중에는 철 따라 이동하는 철새도 있고 항상 한 지역에서 사는 텃새도 있습니다.

🤓 철새는 왜 이동하죠?

🧑‍🦱 철마다 자기에게 더 잘 맞는 환경을 찾기 위해서죠. 일반적으로 철새는 번식기와 비번식기에 두 지역을 왕래해요. 주로 가을에 북쪽에서 번식하고 추운 겨울이 오면 남쪽으로 이동해 겨울을 보낸 뒤 봄에 다시 북쪽으로 이동하죠.

🤓 그럼 철새의 움직임과 자석은 무슨 관계가 있습니까?

🧑‍🦱 강한 자석은 주위에 아주 강한 자기장을 만듭니다. 그러니까 자석이 있으면 나침반 바늘을 자기장의 방향으로 향하게 할 것입니다. 즉 슈퍼 마그넷 주위에 나침반을 놓으면 슈퍼 마그넷이 만든 자기장이 원을 그리는 방향으로 나침반 바늘들이 배열될 것입니다.

🤓 하지만 철새들은 나침반이 아니지 않습니까?

🧑‍🦱 철새들의 뇌 속에는 나침반이 있습니다.

🤓 그게 무슨 말이죠?

🧑‍🦱 철새들의 뇌 속에는 액체 자석 물질이 들어 있어 이것이 나침반의 역할을 합니다. 그 액체 자석의 N극이 지구의 북쪽을 가리키고 S극이 남쪽을 가리키므로 철새들은 남북으로 이동할 수 있는 것입니다.

그런데 왜 철새들이 북쪽으로 가지 못한 거죠?

그것은 슈퍼 마그넷의 자기장의 자기력이 지구의 그것보다 훨씬 크기 때문입니다. 그리고 그 자기장의 방향이 슈퍼 마그넷 주위를 빙글빙글 도는 형태잖아요. 철새들은 뇌 속의 나침반이 가리키는 방향을 따라 북쪽으로 간다고 하는데, 그것이 결국 철새들로 하여금 슈퍼 마그넷 주위를 빙글빙글 돌게 한 거죠.

우리는 이번 재판을 통해 철새가 길을 찾는 원리를 알아냈습니다. 즉 철새의 뇌 속에 있는 작은 자석이 나침반 역할을 한 것입니다. 나침반은 지구의 북쪽과 남쪽을 가리킵니다. 하지만 주위에 강한 자석을 놔두면 나침반은 더 이상 지구의 북쪽 방향을 가리킬 수 없게 됩니다. 그러므로 이번 사건은 슈퍼 마그넷의 강한 자기장이 철새들의 뇌 속에 있는 작은 나침반의 방향에 혼란을 주어서 일어난 일이라고 생각합니다.

원고 측 얘기에 동감합니다. 슈퍼 마그넷을 건설할 때 강한 자석으로부터 나오는 자기장이 주위에 미칠 영향을 두루 고려할 필요가 있었습니다. 특히 주변이 철새 도래지이므로 강한 자기장이 철새에 미치는 영향을 생각했어야 합니다. 그러므로 그 책임을 다하지 못한 과학공화국 물리부에 이번 철새들의 떼죽음 사건에 대한 책임이 있다고 판결합니다.

재판이 끝난 후 거대한 전자석 슈퍼 마그넷은 철수되었다. 그리고 떼죽음 당한 철새들을 위해 버드 강 하구에서는 조촐한 장례식이 치러졌다.

소금쟁이 경주 사건

소금쟁이가 물에 가라앉을
수도 있을까요?

**사건
속으로**

과학공화국은 최근 불경기다. 그로 인해 사람들은 한탕주의
의 유혹에 빠졌다. 로또와 스포츠 토토뿐 아니라 경마, 경륜
과 같은 도박에 많은 사람들이 몰려들었다.

경마는 말이 달릴 수 있는 넓은 공간을 필요로 하는 만큼 시
설비가 많이 든다. 그러므로 이런 불경기에는 쉽게 경마장을
만들 수 없었다.

그래서 대안으로 나온 것이 바로 실내에서 작은 곤충들을 경
주시켜 도박을 하는 곳들인데, 그중에서도 물 위를 스치듯

미끄러져 가는 소금쟁이 경주가 가장 인기가 좋았다. 사이언스 시티 시내에 소금쟁이 실내 경주장으로는 최고 규모인 소금쟁이 트랙이 생겼다.

약 5미터 정도 물 위를 미끄러져 가장 먼저 골인 지점을 통과한 소금쟁이가 1등이 되는 것인데, 소금쟁이 경주를 오랜 시간 동안 치르다 보니 소금쟁이들마다 속력에 차이가 났다.

소금쟁이 중 가장 인기 스타는 소금주 씨가 오랫동안 훈련시킨 소금주 주니어라는 소금쟁이였는데, 이 소금쟁이는 경주에서 한 번도 1등을 놓친 적이 없었다.

그래서 소금주 주니어가 출전하는 레이스에서는 대부분의 사람들이 소금주 주니어에게 돈을 걸었고 그러다 보니 소금주 주니어가 1등을 해도 배당금이 아주 작은 편이었다.

하지만 사람들은 소금주 주니어의 놀라운 속력을 즐기기 위해 소금주 주니어의 경기가 있는 날이면 인산인해를 이루었다.

그런데 소금주 주니어의 연승 행진에 제동이 걸렸다. 소금주 주니어 때문에 만년 2등을 해 온 김저조 씨의 소금쟁이인 소쟁스가 소금주 주니어와의 레이스에서 당당히 1등으로 골인한 것이다.

그렇다고 소금주 주니어가 여덟 마리가 펼치는 레이스에서 2등을 한 것도 아니었다.

소금주 주니어는 4번 레인에서 달렸고 각 레인들 사이는 칸

막이로 나뉘어 있었다. 그런데 출발하자마자 소금주 주니어가 물에 빠져 버려 실격패한 것이다.

이 사건으로 소쟁스에게 돈을 건 사람들은 엄청난 돈을 벌게 되었다. 소금주 주니어에게 돈을 걸었던 사람들은 뭔가 조작된 것 같다며 소쟁스의 주인인 김저조 씨를 생물법정에 고소했다.

소금쟁이는 발끝의 털에서 기름이 나옵니다. 그래서 소금쟁이가 물에 떠 있을 수 있습니다.

여기는 생물법정	소금쟁이는 어떻게 물 위에 떠서 달릴 수 있을까요? 생물법정에서 알아봅시다.

생물짱 판사

생치 변호사

비오 변호사

피고 측 변론하세요.

소금쟁이는 물 위를 떠서 다니는 아주 작은 생물입니다. 그리고 소금쟁이도 수명이 있습니다. 소금주 주니어가 수명이 다 되어 더 이상 물 위를 달릴 수 없으면 물에 빠질 수 있는 거죠. 그게 뭐가 이상하다는 겁니까? 아무튼 소쟁스는 정당한 레이스를 통해 우승했으므로 그 주인인 김저조 씨는 이번 사건에 대해 아무 책임이 없다고 생각합니다.

원고 측 변론하세요.

소금쟁이 전문가인 소쟁이 박사를 증인으로 요청합니다.

작은 체구의 60대 노인이 증인석에 앉았다.

우선 궁금한 게 있는데 소금쟁이는 어떻게 물에 떠서 다니는 겁니까?

소금쟁이는 돌처럼 물보다 밀도가 큽니다.

그럼 가라앉는 게 정상 아닌가요?

사람은 헤엄치지 않으면 물에 가라앉죠?

😎 물론이죠.

😠 하지만 구명조끼를 입으면 어떻게 되죠?

😎 당연히 물에 뜨죠.

😠 그렇습니다. 구명조끼 속의 공기로 인해 전체적으로 물보다 밀도가 작아져서 물에 뜨는 거죠.

😎 소금쟁이가 구명조끼를 입나요?

😠 그건 아니고요. 물에 기름을 뿌리면 어떻게 되죠?

😎 기름이 둥둥 뜹니다.

😠 그건 기름이 물보다 밀도가 작아서 그런 거죠.

😎 점점 모르겠군요.

😠 소금쟁이의 발끝의 털에서는 기름이 나옵니다. 그래서 소금쟁이가 물에 떠 있을 수 있습니다. 그러니까 발끝의 기름이 소금쟁이에게는 뗏목과 같은 역할을 하는 거죠.

😎 그럼 이번 사건에 대해 어떻게 생각하십니까?

😠 제가 현장을 조사한 바로는 4번 레인의 물속에서 비누 성분이 검출되었습니다.

😎 4번 레인의 물이 비눗물이었다는 건가요?

😠 그렇습니다.

😎 그게 소금주 주니어가 가라앉은 것과 무슨 상관이 있죠?

😠 비누가 소금쟁이의 발끝에 있는 기름을 없애 주는 역할을 합니다. 그러니까 뗏목이 없어지면 그걸 탔던 사람이 가라

앉듯이 소금쟁이가 가라앉은 것이죠.

🙂 이번 사건은 마치 경마에서 경쟁 말에게 수면제를 먹이는 것처럼 비열한 일입니다. 소금쟁이 한 마리를 죽였다는 것을 떠나 부정한 방법으로 1등을 하려 한 김저조 씨에게 씁쓸한 마음이 듭니다. 그리고 다시는 이런 일이 발생하지 않도록 현명한 판결을 부탁드립니다.

🦁 이번 사건은 돈이 걸린 모든 종류의 도박에서 벌어지는 사건이 소금쟁이 경주에서도 벌어진 경우입니다. 하지만 김저조 씨가 4번 레인에 비눗물을 넣었다는 증거는 없습니다. 단지 누군가가 김저조 씨에게 돈을 건 뒤 소금주 주니어에 돈을 건 사람들의 돈을 따기 위해 비눗물을 넣었을 가능성이 있다고 봅니다. 아무튼 생물을 이용한 인간들의 도박은 이제 과학공화국에서 추방될 필요가 있습니다. 그러므로 향후 인간을 제외한 모든 생물들의 달리기 시합을 금지합니다.

재판이 끝난 후 소금쟁이 경주장의 CCTV를 조사한 결과 김저조 씨가 아닌 다른 사람이 4번 레인에 비눗물을 뿌리는 장면이 발견되었다. 그리고 이제 과학공화국에서는 경마를 비롯하여 생물들의 달리기 경주 도박이 사라졌다.

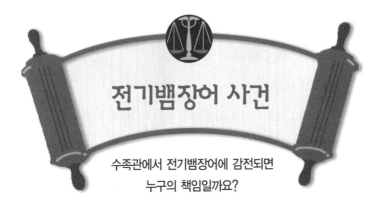

전기뱀장어 사건

수족관에서 전기뱀장어에 감전되면
누구의 책임일까요?

**사건
속으로**

사이언스 시티에 씨월드라는 명물이 생겼다. 씨월드는 초대
형 수족관으로 그곳에는 거의 바다와 같은 상태의 물을 넣어
바다 생물들이 살 수 있도록 하였다.

주말마다 많은 부모들이 씨월드 수족관 속의 악어나 거북을
보여 주기 위해 아이들을 데리고 씨월드로 갔다. 그로 인해
씨월드의 매표소 앞은 주말마다 사람들로 북적댔다.

씨월드의 수많은 바다 생물들 중에서 아이들이 가장 신기해
하고 좋아하는 것은 바로 전기뱀장어다. 아이들은 전기뱀장

어가 스스로 전기를 만들어 낸다는 걸 너무도 신기해했다.

전기뱀장어의 인기 때문에 물속에 잠수복을 입고 들어가 전기뱀장어와 함께 전기 쇼를 펼치는 조련사 사장어 씨의 인기도 치솟았다.

사장어 씨는 인어처럼 물속으로 들어가 전기뱀장어에게 전선을 연결하여 조그만 날개를 돌리는 쇼를 보여 주었다. 아이들은 사장어 아저씨의 쇼 시간이 되면 모두 전기뱀장어 수족관으로 몰려들었다.

그러던 어느 날 흥분한 전기뱀장어에 연결된 두 가닥 전선 사이의 날개가 바닥으로 떨어지면서 실수로 사장어 씨는 두 전선의 끝을 만지게 되었다.

순간 사장어 씨는 전기뱀장어의 전기에 감전되었다. 순식간에 벌어진 일이라 아이들은 어쩔 줄 몰라했다. 다행히 다른 잠수부가 들어와 사장어 씨를 물 밖으로 데리고 나와 병원으로 옮겼다.

하지만 그때의 전기 충격으로 사장어 씨는 더 이상 물속에 들어갈 수 없게 되었다. 그러자 사장어 씨는 씨월드 측이 자신에게 피해를 보상해야 한다며 생물법정에 고소했다.

전기와 관련된 동물 중에는 전기를 감지하는 동물과 전기를 만들어 내는 동물이 있습니다.

전기뱀장어, 전기메기는 전기를 만들어 냅니다.

전기뱀장어는 스스로 전기를 낼 수 있나요? 전기뱀장어가 내는 전압은 얼마일까요? 생물법정에서 알아봅시다.

생물짱 판사

생치 변호사

비오 변호사

피고 측 변론하세요.

씨월드에서 각 동물의 사육을 담당하는 사람을 결정하면 그 사람은 맡은 동물에 대한 연구를 통해 안전하게 그 동물을 관리해야 할 것입니다. 동물들 중에는 전기뱀장어처럼 스스로 전기를 발생시켜 자신을 외부로부터 보호하는 것들이 있습니다. 물론 전기를 발생시키는 동물이니까 위험하지만 잘 관리하고 대비했다면 안전하게 전기뱀장어 쇼를 할 수 있었다고 생각하는 바 이번 사건에 대해 씨월드 측의 책임은 없다고 봅니다.

원고 측 변론하세요.

전기 동물 연구소의 이렉동 박사를 증인으로 요청합니다.

이렉동 박사가 증인석에 앉았다.

증인이 하는 일을 말씀해 주십시오.

저는 전기와 관련된 동물을 연구합니다.

어떤 동물들이 전기와 관련이 있죠?

전기를 감지하는 동물과 전기를 만들어 내는 동물들이

있습니다.

🙂 전기를 감지하는 동물로는 어떤 게 있죠?

🧑 귀상어, 꿀벌, 방울뱀, 침개미 같은 동물은 전기 신호를 감지하는 능력을 가지고 있습니다. 예를 들어 귀상어는 잠수함에서 나오는 전기파를 감지합니다. 그러고는 잠수함을 공격하지요. 또 침개미도 주변의 전기 신호를 감지하지요. 그래서 전선을 갉아 먹고 컴퓨터 속에 들어가 컴퓨터를 망가뜨리기까지 합니다.

🙂 그럼 전기를 만들어 내는 동물에는 어떤 게 있죠?

🧑 전기메기나 전기뱀장어가 대표적이죠. 전기메기는 350볼트 정도의 전기를 만들어 물고기를 감전시킵니다.

🙂 전기뱀장어는요?

🧑 전기메기보다 더 강한 전기를 만들어 냅니다. 600볼트 정도의 전기를 만들죠.

🙂 어떻게 전기를 만드는 거죠?

🧑 전기뱀장어의 뇌가 특별한 기관에 전류를 흐르게 하지요. 그럼 전기뱀장어의 앞쪽은 (+)전기가 되고 뒤쪽은 (−)전기를 띠게 됩니다.

🙂 그럼 전기뱀장어의 앞쪽은 건전지의 양극을 뒤쪽은 음극을 나타내는군요.

🧑 그렇습니다. 그러므로 전기뱀장어 몸의 앞뒤로 전선을

연결하면 두 전선은 건전지의 양극에서 연결된 두 전선과 같습니다. 이때 전기뱀장어의 전압은 1.5볼트 건전지 400개를 직렬로 연결했을 때와 같지요.

엄청나군요. 존경하는 판사님, 건전지 400개를 연결하면 엄청난 전압입니다. 그러니까 사람을 실신시킬 수 있을 정도지요. 그렇다면 이런 전기를 이용하는 조련사에게 전기로부터 안전할 수 있는 장비를 공급하지 않은 씨월드 측이 이번 사건의 원인을 제공했다고 봅니다.

판결합니다. 전봇대에 올라가 전기 공사를 하는 사람들은 무시무시한 고압선을 만져야 하므로 특별한 장비를 필요로 합니다. 전기뱀장어와 함께 물속에서 일하는 사장어 씨의 경우도 전기에 노출되어 있습니다. 그러므로 사장어 씨의 몸에 조금이라도 전기가 고이면 밖으로 빼낼 수 있는 안전 장치를 하고 전기뱀장어 쇼를 진행하게 할 의무가 씨월드에 있다고 봅니다. 그러므로 씨월드는 사장어 씨에게 정신적, 물질적 피해를 보상할 책임이 있다고 판결합니다.

재판이 끝난 후 사장어 씨는 다시 씨월드에 취직되었다. 그는 이제 물속에는 들어가지 않고 슬라이드를 보여 주면서 동물들의 특징을 설명해 주는 강사가 되었다. 그리고 전기뱀장어 쇼를 진행하는 사람은 몸에 기다란 철선을 물 밖으로 연결해

두었는데 그것은 혹시라도 전기뱀장어 때문에 전기가 오면
몸의 전기를 밖으로 빼낼 접지선이었다.

철새 이야기

철새들은 아주 먼 거리를 이동하면서도 길을 잃지 않습니다. 그 이유에 대해서는 아직도 완전히 밝혀지지 않았습니다.

하지만 다양한 인공적인 실험을 통해 몇 가지 이유가 밝혀졌습니다.

첫 번째 실험은 햇빛의 방향을 변화시킬 수 있는 창과 거울이 설치된 특별한 새장에 철새를 넣는 것이었습니다. 실험 결과 철새들은 햇빛의 방향이 바뀌면 비행 방향을 바꾸었습니다. 즉 떠오르는 태양의 방향에서 단서를 찾는다는 것이 밝혀졌습니다. 시간이 지날수록 새들은 몸속 생물 시계의 도움으로 이 방향을 유지할 수 있게 됩니다.

또 밤에 이동하는 경우를 실험하기 위하여 천체 투영실에 철새를 넣었습니다. 돔에 비친 별의 위치가 바뀌면 이에 따라 새들이 방향을 바꾼다는 것이 밝혀졌습니다.

지구의 자기장과 관련이 있다는 것은 사실입니다. 먼 거리를 이동하는 철새들이 대개 남북으로 이동하기 때문에 지구 자기를 감지하여 방향을 찾는 것이 아닐까 하고 생각했는데, 실제로 그렇다는 것이 밝혀졌습니다.

비둘기는 집을 잘 찾기로 유명한 새라서 옛날부터 편지를 전달하는 데 사용되었지요. 비둘기의 머리에 작은 자석이 들어 있다는 사실이 1979년 확인되었습니다. 뇌와 머리뼈 사이의 가로, 세로가 각각 1밀리미터, 2밀리미터인 조직 안에서 기다란 자석이 발견된 것입니다. 이 자석을 나침반 삼아 먼 거리를 정확하게 찾아올 수 있었을 것이라고 추측할 수 있습니다.

그러나 철새들이 늘 낮에만 이동하거나 밤에만 이동하는 것도

철새들은 태양의 방향, 별의 위치, 자기장, 지구의 자전,
기압의 변화 등과 같은 요인들로부터 비행 방향을 찾는 것으로 보입니다.

아니며, 자석을 가지고 있는 철새는 일부에 국한되어 있습니다.

그래서 전문가들은 여기에 더해 지구의 자전, 기압의 변화 등과 같은 다른 많은 요인들도 철새들이 비행 경로를 찾는 데 도움을 제공할 수 있을 것이라고 믿고 있습니다.

제10장

유전에 관한 사건

ABO 혈액형_ 혈액형 사건
A형과 B형 사이에서 O형인 아이가 태어날 수 있을까요?

DNA 이야기_ 머리카락으로 잡은 범인
머리카락으로 범인을 식별할 수 있을까요?

멘델의 유전 법칙_ 완두콩 사건
완두콩은 어떤 유전 법칙을 따를까요?

혈액형 사건

A형과 B형 사이에서 O형인 아이가
태어날 수 있을까요?

사이언스 시티 동사무소에서 공무원 생활을 하는 김소심 씨
와 부인 강경해 씨는 결혼 25년이 되도록 아이가 없었다. 둘
다 아이를 낳는 데에는 아무 이상이 없는데도 이상하게도 아
이가 생기지 않았다.

김소심 씨는 혈액형이 A형으로 아주 소심한 성격을 지니고
있었다. 그래서인지 아내에게 할 말도 제대로 표현하지 못하
고 큰소리를 치지도 못하는 성격이었다.

B형인 아내 강경해 씨는 남편과는 달리 아주 외향적이고 자

신이 할 말은 다 내뱉는 성격이었다. 이들 부부의 서로 다른 성격은 오히려 서로의 약점을 보완해 주는 역할을 했다. 그래서인지 이들 부부는 동네에서 소문난 잉꼬부부였다.

그런 이들 부부의 유일한 고민은 아이가 없다는 것이었다. 어느 날 김소심 씨가 출근해 서류를 검토하고 있던 중 아내로부터 전화를 받았다.

"여보, 기뻐해 줘요. 임신이래요."

"정말요? 우아!"

김소심 씨의 목소리는 동사무소 전체에 울려 퍼졌고 모든 동료 직원들이 함께 기뻐해 주었다. 이렇게 하여 오랜 기다림 끝에 이들 부부 사이에 아들 김하나 군이 태어났다.

세월이 흘러 김하나 군이 초등학생이 되었다. 김하나 군은 부모님의 나이가 너무 많아 아이들에게 부모님이 안 계신 것처럼 소문이 나돌았다.

그러던 어느 날 김하나 군은 학교에서 신체검사표를 받았다. 아버지의 혈액형은 A형, 엄마의 혈액형은 B형이고, 자신의 혈액형은 O형이라고 적혀 있었다.

김하나 군은 뭔가 이상하다는 생각이 들어 동네에서 가게를 운영하면서 혼자 사시는 감빡임 할머니에게 이런 일이 가능하냐고 물었다. 치매가 조금 있는 할머니로부터 불가능하다는 얘기를 들은 김하나 군은 그날부터 자신의 부모가 친부모가 아니라고 생각했다.

이런 고민으로 김하나 군은 거식증에 걸리게 되고 결국은 병원에 입원했다. 아들이 감빡임 씨 때문에 입원까지 하게 되었다는 사실을 알게 된 김소심 씨 부부는 감빡임 씨를 생물 법정에 고소했다.

사람의 혈액형은 A, B, O라는 세 가지 대립 유전자에 의해 결정됩니다.
그리고 이들의 조합에 의해 AA, AO, BB, BO, OO, AB의 혈액형이 가능합니다.

A형, B형, O형, AB형 등의 혈액형은 어떻게 유전될까요? 생물법
정에서 알아봅시다.

생물짱 판사

생치 변호사

비오 변호사

재판을 시작합니다. 피고 측 변론하세요.

자식의 혈액형은 부모로부터 유전됩니다. 제가 생물은
잘 모르지만, 제 친구의 경우 부모님의 혈액형이 A형과 B형
이고 자신의 혈액형은 A형, 여동생은 B형입니다. 이렇게 A형
과 B형 사이에서는 A형이나 B형이 나오지 않을까요? 그러므
로 제 생각으로는 감빡임 씨에게 책임이 없다고 생각합니다.

원고 측 변론하세요.

혈액 유전 전문가인 피가유 박사를 증인으로 요청합
니다.

피가유 박사가 증인석에 앉았다.

혈액형이라는 게 뭡니까?

사람의 혈액형은 A, B, O라는 세 가지 대립 유전자에
의해 결정됩니다.

그럼 혈액형이 세 종류인가요?

그렇지 않습니다. 자식은 아빠와 엄마 양쪽으로부터 유
전자를 물려받으므로 유전자형은 AA, AO, BB, BO, OO,

AB의 여섯 가지입니다.

🧑 그런데 왜 우리는 네 가지 혈액형만 얘기하죠?

👩 세 가지 유전자에서 A와 B의 경우는 대등하지만 O유전자는 A유전자나 B유전자와 함께 작용할 경우 그 유전자의 특성을 나타내지 못합니다. 그러니까 AA형과 AO형은 모두 A형을 나타내고 BB형과 BO형은 모두 B형을 나타내어 혈액형은 모두 네 종류입니다.

🧑 그럼 A형과 B형 사이에서 O형인 아들이 나올 수 있습니까?

👩 물론입니다.

🧑 어째서죠?

👩 이번 사건에서 김소심 씨가 AO형이고 강경해 씨가 BO형이라면 이때 자식의 혈액형은 A, B, O, AB 모두가 가능합니다.

🧑 신기하군요. 좀 더 자세히 설명해 주시겠습니까?

👩 AO형인 사람은 A유전자와 O유전자를 모두 가지고 있습니다. 마찬가지로 BO형인 사람은 B유전자와 O유전자를 모두 가지고 있지요. 그런데 이들 부부는 자신이 가진 두 종류의 유전자 중에서 자식에게 각각 하나씩만 줄 수 있습니다. 그러니까 김소심 씨는 자식에게 A 또는 O를 줄 수 있고 강경해 씨는 B 또는 O를 줄 수 있습니다.

아하. 그럼 자식의 혈액형은 AB, AO, BO, OO의 네 가지가 가능하겠군요.

그렇습니다. 그러니까 모든 혈액형이 다 가능하지요.

이번 사건은 혈액형의 유전 방식에 대해 아무것도 모르는 감빡임 씨가 김하나 군에게 잘못된 사실을 알려 줌으로써 아이가 충격을 받아 일어난 사건입니다. 그러므로 감빡임 씨가 이 사건에 대해 전적으로 책임이 있다고 생각합니다.

섣부른 과학 상식을 진실인 것처럼 얘기하는 풍조가 있습니다. 이번 사건도 그중 하나라고 봅니다. 하지만 감빡임 씨가 자라던 시대에는 제대로 된 과학 교육이 이루어지지 않았습니다. 이 점을 감안하되 감빡임 씨가 어떤 방법으로든 김하나 군의 상처를 치유해 주도록 판결합니다.

재판 후 김하나 군은 자신의 아빠, 엄마가 친부모라는 사실을 알게 되었다. 그리고 감빡임 할머니는 김하나 군과 그 부모에게 자신의 과오를 사과하고 김하나 군을 친손자처럼 사랑해 주었다. 이로써 김하나 군에게는 새로이 할머니 한 분이 더 생기게 되었다.

머리카락으로 잡은 범인

머리카락으로 범인을
식별할 수 있을까요?

**사건
속으로**

과학공화국 사이언스 시티에 사는 이혈은 양은 결벽주의자
다. 그래서 그녀는 자신이 혼자 사는 집에 누구도 들어올 수
없게 했다. 그녀는 하루에도 집안 청소를 여러 번 할 정도로
유난히 깔끔했다. 아무리 회사에서 늦게 퇴근해도 청소는 꼭
하고 자는 그녀였다.

그녀의 예쁜 외모와 깔끔한 성격은 동네 청년들의 마음을 사
로잡았다. 많은 총각들이 그녀의 집에 처음으로 들어가 본
남자가 되기를 원했다.

그러던 중 그녀를 흠모하고 있던 세 명의 동네 총각이 저녁 때 마을 청년회관에 모였다.

"우리의 공주님인 이혈은 양의 집은 얼마나 깔끔할까?"

긴 머리에 콧수염이 난 김모국 군이 말했다.

"외출하고 돌아올 때도 그녀의 옷에는 먼지 하나 안 묻어 있어. 정말 완벽하게 깔끔한 여자야."

보통 머리의 총각이 말했다.

"어쩌면 집 안은 엉망일지도 몰라."

가장 머리가 짧은 노머리 군이 말했다.

이혈은 양의 집에 대해 얘기를 나누던 세 사람은, 가장 먼저 이혈은 양의 집에 들어가 티슈 한 장을 뽑아 오는 내기를 걸었다. 그리고 다음 날 이혈은 양이 외출한 틈을 타 머리가 가장 짧은 노머리 군이 그녀의 집으로 몰래 들어가 티슈 한 장을 들고 나와 친구들에게 자랑했다.

그들의 게임은 여기서 끝난 것 같았다. 하지만 이혈은 양이 퇴근해 거실을 청소하다가 남자의 머리카락을 발견하고 기겁을 했다. 그녀가 발견한 머리카락을 통해 경찰은 노머리 군을 범인으로 지목했다.

노머리 군은 끝까지 자신의 범행 사실을 시인하지 않았다. 그리하여 이 사건은 생물법정에서 다루어지게 되었다.

이 머리카락 하나면 범인의 모든 것을 알 수 있지. 얍~

사람의 몸은 한 개의 세포가 분열해 몸 전체를 만듭니다.

따라서 같은 몸에서 나온 피나 머리카락은 모두 같은 유전자 정보를 갖지요.

DNA는 무엇일까요? 머리카락 속에 들어 있는 DNA 정보로 머리카락의 주인이 누구인지 알 수 있을까요? 생물법정에서 알아봅시다.

생물짱 판사

생치 변호사

비오 변호사

 피고 측 변론하세요.

단지 머리카락의 길이가 같다는 이유만으로 그 사람의 머리카락이라고 단정할 수는 없습니다. 이 세상에는 같은 길이, 같은 색깔의 머리카락을 지닌 사람들이 엄청나게 많기 때문입니다. 그러므로 머리카락만으로는 노머리 군이 이혈은 양의 집을 무단으로 침입했다는 증거가 되지 않는다고 생각합니다. 그러므로 본 변호사는 노머리 군의 무죄를 주장합니다.

원고 측 변론하세요.

현장에서 발견된 머리카락을 조사한 국립과학수사연구소의 정과학 박사를 증인으로 요청합니다.

예리해 보이는 정과학 박사가 증인석에 앉았다.

증인은 경찰이 이혈은 양의 집에서 발견된 남자의 머리카락을 가지고 왔을 때 어떤 조치를 취했습니까?

수사를 맡은 김경위 형사가 동네 총각들의 소행일 거라고 주장했습니다. 그래서 저는 동네 총각들의 머리카락을 모두 한 올씩 수거해 오라고 했습니다.

👓 그럼 동네 총각들의 머리카락과 현장에 떨어진 머리카락을 비교했다는 게 사실이군요.

👩 그렇습니다.

👓 그럼 피고 측이 주장한 것처럼 머리카락의 색과 길이만으로 노머리 군을 범인으로 지목했습니까?

👩 그렇지는 않습니다. 우리 연구소에서는 유전자 감식 조사를 했습니다.

👓 그게 뭐죠?

👩 사람의 몸은 하나의 세포로부터 시작되었습니다.

👓 한 개의 세포가 어떻게 사람 전체를 만들죠?

👩 세포들이 분열을 계속해서 수십억 개의 세포를 만들어 낸 것입니다.

👓 그럼 유전자는 어디에 있죠?

👩 세포 안에는 세포핵이라는 것이 있고 그 안에 길고 가느다란 실처럼 생긴 염색체가 들어 있어요. 그리고 유전자는 그 염색체 위에 목걸이에 꿰어져 있는 구슬들처럼 늘어서 있습니다.

👓 유전자는 어떤 물질로 이루어져 있죠?

👩 DNA로 이루어져 있습니다.

👓 그게 뭐죠?

DNA는 수많은 원자들이 화학결합으로 묶여 있는 분자들입니다. 그리고 DNA는 아주 작은 세포핵 속에 들어갈 수 있을 정도로 압축되어 있는데 그것을 펼치면 길이가 1.5미터나 됩니다. 그런데 이 DNA에 들어 있는 유전자 정보는 사람들마다 다릅니다. 하지만 같은 사람의 몸에서 나온 피나 머리카락 등 신체의 일부에서는 같은 유전자 정보를 갖지요. 그러니까 그 정보를 비교하면 현장에 떨어진 머리카락이 누구의 것인지 정확하게 알아낼 수 있습니다.

머리카락 속의 유전자 정보와 노머리 군의 유전자 정보가 일치하므로 이번 이혈은 양 가택 무단 침입 사건의 범인은 노머리 군이라는 것이 명백합니다.

DNA 정보가 일치하므로 노머리 군이 범인이라는 점에는 이견이 있을 수 없습니다. 하지만 노머리 군의 가택 침입이 단순한 호기심에서 이루어진 만큼 그 죄가 아주 크다고는 할 수 없을 것입니다. 그러므로 노머리 군은 이혈은 양의 집 마당을 한 달 동안 깨끗하게 청소하고 또한 이혈은 양의 차를 한 달 동안 세차해 줄 것을 판결합니다.

재판 후 노머리 군은 이혈은 양의 차를 매일 세차했고 마당 청소를 깔끔하게 해 주었다. 이렇게 한 달이 흐르자 이혈은 양의 마음도 풀리게 되었다. 그리하여 이혈은 양은 동네 사

람들을 모두 초대해 집들이를 했다. 물론 노머리 군도 초대
하였다.

완두콩 사건

완두콩은 어떤 유전 법칙을 따를까요?

사건
속으로

최근 과학공화국에서는 단백질이 풍부하게 들어 있는 콩에 대한 인기가 높아져 가정에서 흰쌀밥보다는 콩밥을 먹는 사람들이 많아졌다.

시대가 유전 공학의 시대이니만큼 이런 상황을 사업하는 사람들이 놓칠 리가 없었다.

사이언스 시티 과학대학 유전공학과 교수인 이콩두 씨는 학교에 사표를 내고 동료 과학자와 함께 유전콩 주식회사를 차렸다. 그들은 좀 더 건강에 좋은 콩을 만들기 위해 콩에 대한 많은 실험을 하였다. 그리하여 그들은 단백질뿐 아니라 비타민과 무기질이 풍부하게 들어 있는 완두콩 21 개발에 성공했다. 그런데 이 완두콩의 모습은 크게 보아 두 종류였다. 한 종류는 둥글둥글했고 또 한 종류는 쭈글쭈글했다. 사람들이 둥근 콩을 쭈글쭈글한 콩보다 더 좋아했기 때문에 둥근 콩은 쭈글쭈글한 콩의 세 배 가격인 한 개당 3만 원을 받을 수 있었다. 이콩두 씨는 여러 차례의 실험 끝에 완전히 둥근 것과 완전히 쭈글쭈글한 것을 교배시키면 그 다음 대에서 모두 둥근 콩이 나온다는 것을 알아냈다.

이콩두 씨는 둥근 콩과 쭈글쭈글한 콩 사이에서 나온 둥근 콩들끼리 교배를 시켰다. 그리고 그다음 대에서 어떤 콩이 나오는가를 알아보려고 했다. 그리하여 그는 교배를 통해 1000개의 콩을 재배했다.

그런데 갑자기 이웃 농장에서 불이 나서 그 불길이 이콩두 씨의 완두콩 21 밭까지 번지는 사건이 벌어졌다. 그래서 이콩두 씨의 완두콩밭은 모두 불타 버렸다.

이 사건으로 피해를 입은 이콩두 씨는 이웃 농장의 주인인 김 피해 씨에게 완두콩값에 대한 피해 보상 청구 소송을 냈다. 그리고 이 사건은 생물법정에서 다루어지게 되었다.

두 유전자가 대립될 때 보다 강한 유전자를 우성 유전자,
보다 약한 유전자를 열성 유전자라고 합니다. 이들은 손자의 대에서 3:1로 발생합니다.

여기는
생물법정 │ 완두콩의 다음 대와 그다음 대의 유전 법칙은 어떻게 다를까요?
생물법정에서 알아봅시다.

 원고 측 변론하세요.

이콩두 씨가 정성껏 재배한 콩 1000개가 김피해 씨 농
장의 화재로 모두 불타 버렸습니다. 이콩두 씨는 둥근 콩과
쭈글쭈글한 콩을 교배하면 그다음 대에서 모두 둥근 콩이 된
다는 사실을 실험을 통해 증명했습니다. 그러므로 이렇게 얻
은 둥근 콩끼리 다시 교배시켜 얻은 콩도 모두 둥근 콩일 것
으로 예측됩니다. 이것이 바로 과학적 예측입니다. 그러므로
본 변호사는 김피해 씨가 이콩두 씨에게 둥근 콩 1000개의
값인 3000만 원을 피해 보상할 의무가 있다고 주장합니다.

피고 측 변론하세요.

증인으로 유전공학연구소의 이멘델 박사를 요청합니다.

이멘델 박사가 증인석에 앉았다.

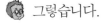 증인은 최근 잡종 제2대의 유전 법칙을 발표했죠?

 그렇습니다.

그게 뭐죠?

손자의 대에서 발생하는 유전자에 대한 연구입니다.

좀 더 자세히 설명해 주시겠습니까?

이번 사건을 예로 들죠. 둥근 콩과 쭈글쭈글한 콩은 서로 대립되는 두 유전자를 가지고 있습니다.

그런데 왜 다음 대에서는 둥근 콩만 나오는 거죠?

둥근 콩의 유전자가 쭈글쭈글한 콩의 유전자를 압도하기 때문입니다. 이렇게 두 유전자가 대립될 때 보다 강한 유전자를 우성 유전자라고 하고 다른 하나를 열성 유전자라고 부릅니다.

그렇다면 둥근 콩 유전자가 우성이군요. 그럼 그다음 대에서도 모두 우성인 둥근 콩이 나오나요?

그렇지 않습니다.

그럼 반반씩 나오나요?

그렇지도 않습니다.

그럼 어떤 비율로 나오죠?

둥근 콩과 쭈글쭈글한 콩의 비율이 3:1이 됩니다.

왜 그렇게 되는 거죠?

그게 바로 저의 유전 법칙입니다. 둥근 콩의 유전자를 ○, 쭈글쭈글한 콩의 유전자를 ×라고 합시다. 유전자는 암컷과 수컷으로부터 받기 때문에 자식의 유전자는 두 개의 유전자로 표현됩니다. 그러니까 완벽한 둥근 콩의 유전자는 ○○이고 완벽하게 쭈글쭈글한 콩의 유전자는 ××입니다.

😎 그럼 다음 대에서는요?

🧑‍🦱 이제 아빠 콩의 유전자가 ○○이고 엄마 콩의 유전자가 ××라고 하면 자식 콩의 유전자는 아빠 콩으로부터 하나, 엄마 콩으로부터 하나를 받게 되니까 무조건 ○×가 됩니다. 이때 ○가 ×보다 강한 유전자이므로 자식 콩은 모두 둥근 콩이 됩니다.

😎 그다음 대에서는 어떻게 되죠?

🧑‍🦱 ○×와 ○×를 교배하는 경우죠. 이때 아빠 콩을 ○×, 엄마 콩을 ○×라고 합시다. 그럼 자식 콩은 아빠 콩에서 ○ 또는 ×를 받을 수 있고 마찬가지로 엄마 콩에서도 ○ 또는 ×를 받을 수 있습니다. 그러므로 자식 콩이 가질 수 있는 유전자는 다음 네 경우입니다.

$$○○ \quad ○× \quad ×○ \quad ××$$

이 중에서 ○○, ○×, ×○는 둥근 콩이고 ××는 쭈글쭈글한 콩이므로 둥근 콩과 쭈글쭈글한 콩이 3:1의 비율로 나오게 됩니다.

😎 증인이 밝혔듯이 모두 둥근 콩이 나오는 것이 아니므로 3000만 원 청구는 부당하다고 생각합니다. 판사님의 현명한 판결을 부탁드립니다.

🦁 판결은 간단합니다. 유전의 법칙에 따라 둥근 콩이 전체의 4분의 3을 차지하고 쭈글쭈글한 콩이 4분의 1을 차지하므로 전체 1000개 중 4분의 3인 750개는 둥근 콩의 값으로 나머지는 쭈글쭈글한 콩의 값으로 배상할 것을 판결합니다.

재판 후 김피해 씨는 2500만 원을 이콩두 씨에게 배상했다.

혈액형 이야기

혈액형에는 흔히 알고 있는 ABO 식만 있는 것이 아닙니다. 도넛처럼 생긴 적혈구 표면에는 수많은 구조물들이 있습니다. 이 구조물들 중에는 적혈구 표면에서 중요한 일을 하고 있는 것들도 있고, 아직 그 기능이 밝혀지지 않은 것들도 있습니다.

이 구조물들 때문에 널리 알려진 ABO 혈액형을 비롯하여 Rh, MNSs, MkMk 등 수많은 적혈구 혈액형 항원들이 존재합니다.

희귀한 혈액형으로 알려진 Rh-는 같은 Rh-끼리만 수혈해야 하므로 ABO 혈액형더라도 Rh+이면 수혈이 불가능합니다.

Rh 혈액형은 크게 항원 D가 있으면 Rh+이고 없으면 Rh-입니다. 그리고 바디바바디바라는 혈액형이 있는데, 이것은 D는 있지만 누구나 갖고 있는 항원인 C, c, E, e가 없습니다. 그래서 C와 E가 없다는 의미로 '-D-/-D-'로 표기합니다. -를 바(bar)라고 읽기 때문에 이 혈액형은 바디바바디바형이라고 부릅니다.

부모가 모두 바디바바디바형인 경우 아기는 바디바바디바형이 됩니다. 하지만 바디바바디바형인 여자와 그렇지 않은 남자사이에서 생긴 태아는 적혈구가 파괴되어 죽습니다. 물론 바디바바디바형이 아주 드물기 때문에 부모 모두 이 혈액형일 확률은 극히 적습니다.

시스 AB형은 A, B, O의 항원을 모두 가지고 있어 부부 중 한 사람이 시스 AB형,
다른 사람이 O형인 경우 O형 아이가 태어날 수 있습니다.

AB형 아빠와 O형 엄마 사이에서는 A형이나 B형 아이만 나올 수 있습니다. 물론 일반적인 AB형 아빠의 경우에는 그렇습니다. 하지만 AB형 중에는 시스 AB형이라는 희귀한 혈액형이 있습니다. 시스 AB형은 A, B, O의 항원을 모두 지니고 있기 때문에 아빠가 시스 AB형이고 엄마가 O형인 경우 O형인 아이가 나올 수 있습니다. 그러므로 이런 경우 부모가 친자 확인을 하는 경우를 흔히 볼 수 있습니다. 시스 AB형은 AB형뿐 아니라 O형의 피도 수혈받을 수 있으므로 정상적인 AB형과는 다른 혈액형이라고 볼 수 있습니다.

또한 우리 나라에선 발견되지 않았지만 MkMk란 혈액형도 있는데 가장 희귀한 혈액형입니다. 이 혈액형을 수혈받으려면 전 세계에 광고를 해야 할 정도입니다.

생물과 친해지세요

　이 책을 쓰면서 좀 고민이 되었습니다. 과연 누구를 위해 이 책을 쓸 것인지 난감했거든요. 처음에는 대학생과 성인을 대상으로 쓰려고 했습니다. 그러다 생각을 바꾸었습니다. 생물과 관련된 생활 속의 사건이 초등학생과 중학생에게도 흥미 있을 거라는 생각에서였지요.

　초등학생과 중학생은 앞으로 우리나라가 21세기 선진국으로 발전하기 위해 필요로 하는 과학 꿈나무들입니다. 우리가 살고 있는 지구는 기후 온난화 문제, 소행성 문제, 오존층 문제 등 많은 문제를 지니고 있습니다. 하지만 지금의 생물 교육은 논리보다는 단순히 기계적으로 공식을 외워 문제를 푸는 것이 성행하고 있습니다. 과연 우리나라에서 베게너 같은 위대한 생물학자가 나올 수 있을까 하는 의문이 들 정도로 심각한 상황에 놓여 있습니다.

저는 부족하지만 생활 속의 생물을 학생 여러분의 눈높이에 맞추고 싶었습니다. 생물은 먼 곳에 있는 것이 아니라 우리 주변에 있다는 것을 알리고 싶었습니다. 생물 공부는 우리 주변의 관찰에서 시작됩니다. 올바른 관찰은 지구의 문제를 정확하게 해결할 수 있도록 도와줄 수 있기 때문입니다.

이 책을 읽고 생물의 매력에 푹 빠지셨기를 기대해 봅니다.